颤栗与辉煌

——迈克尔·杰克逊的不朽时尚

【美】迈克尔·布什（MICHAEL BUSH） 著

王越 译

中国纺织出版社有限公司

颤栗与辉煌

——迈克尔·杰克逊的不朽时尚

【美】迈克尔·布什（MICHAEL BUSH） 著

王越 译

中国纺织出版社有限公司

目录

前言

我与迈克尔·杰克逊（**Michael Jackson**）合作以来给我印象深刻的一点，就是他丰富的创造力充斥着他生活的每分每秒。他永远都在记录旋律和节拍，记下可能用到的歌词，或是为他想象中的各种创业做预想——基金会、主题公园、店铺等。他还是一位作品诸多的艺术家，他总喜欢画下一些"迷你杰作"，不过不是在画布上，而是一切在他眼前的东西，如纸、餐巾纸甚至是枕套。正是由于他无穷的创造灵感，一路助推这位流行音乐史上最成功的艺人。

迈克尔·杰克逊真的很难找到敢于和他合作、将他那些大胆的想法变为现实的艺术家和音乐创作人，当然，这丝毫不让人意外。而丹尼斯·汤普金斯（Dennis Tompkins）与迈克尔·布什（Michael Bush）就是这样的艺术家。他们专业技术无与伦比，更具有非凡视野，正是这些，使他们在与迈克尔·杰克逊24年的合作中发展成了业务伙伴关系，甚至朋友关系。

迈克尔·杰克逊的想法总能让时尚界眼前一亮，他打破传统并引领全世界都争相模仿的风尚。他打破概念时尚的边界。在这途中，汤普金斯与布什也一直陪伴着他，寻找新材料、运用新技术，将每个构想变为现实。他们共同创造了许多20世纪最为异想天开、天马行空但又让人印象深刻的摇滚时装——当然很多出现在迈克尔的经典演唱会上，他标志性的夹克、手套以及配饰等。

我很高兴本书能够出版，不仅展示了精美的服饰，还让我们得以一窥迈克尔·杰克逊与他的伙伴们的奇思妙想，以及这两位盛装背后的男人——丹尼斯·汤普金斯和迈克尔·布什。

John Branca

约翰·布兰卡

To Bush
David

Michael

36 YM
MODEL 1391

序章

这个男人的能量难以估量

在人们眼中，迈克尔·杰克逊不仅仅是一个人，更是一系列艺术品的集合。通过他的音乐、他的舞蹈、他引领的潮流，他创造了一种"魔法"，对他本人来说是如此，对世界来说也同样如此。迈克尔·杰克逊的魔力就在于他渴望通过控制自己声音、动作以及服饰来传递一些细微的信息。他的服饰以及他的表演共同造就了迈克尔·杰克逊。他对潮流独具慧眼，并运用这种天赋（以及他其他令人称赞的天赋）让自己成功从童星转型为潮流之王。我与丹尼斯·汤普金斯就是他核心团队中的一份子——他自己组建的一支团队，这个团队每个人都才思泉涌，能够帮助迈克尔实现他的想法。我们担任迈克尔的独家设计师近25年，可以说我们也是迈克尔时尚风格的缔造者。通过一些独具创造力的过程，我们学会了如何融汇他的想法、愿望以及个人理念设计，能够具象化他所象征之物的时装。本书正是第一次尝试图像化编撰这一演化历程，一场关于我们的作品的视觉盛宴。

在我们眼中，迈克尔·杰克逊就好像一张画布，他享受我们描摹笔画的过程，甚至对此十分好奇。他渴求创新，总是力求想出新点子。他的音乐、舞步总是那么震撼，他希望身上的服饰也能如此——表现出自己强大的气场。在每次协助他的过程中，我们都备受考验。

迈克尔·杰克逊一直希望我们编撰一本类似的书，实际上这就是他提议的。"你们难道不想知道《绿野仙踪》（*The Wizard of Oz*）是如何成就的吗？"说这句话的时候，迈克尔·杰克逊的眼睛都会发亮，眼神中满是好奇。因此，他十分愿意揭开帷幕，让世人知道我们对这位流行乐巨星的贡献。

光鲜的外表背后，迈克尔·杰克逊仍然是一个十分真实的人——他对艺术有着深切的爱，也有很强的鉴赏力。他让人心潮澎湃，他就是人们心中一切幻想的化身，他对时尚的嗅觉反映了他的完美主义思想。通过了解他的着装及其背后的故事，我们就能了解迈克尔·杰克逊不为人知的一面。

开门见山——从中间开始

大多数的史诗传奇都从故事的中间开始，这是采用了一种文学手法"开门见山"。迈克尔·杰克逊的人生简直就是一段史诗，那么按照此观点，本书的故事就开始于专辑《飙》（*Bad*）的筹备。那时迈克尔正当年，但他的独唱生涯才刚刚开始。《飙》是他第一次离开他的兄弟们开始巡演。也正是在那时，迈克尔邀请我和丹尼斯加入他的团队，共同塑造一个超级独唱艺人。

随着他的形象不断升级，作为艺术家以及他的设计师，我们也不断升级。迈克尔热爱挑战，他也鼓励我们直面挑战，引导我们走出舒适区——用他那千奇百怪的要求，捉摸不透的谜题，当然还有对我们工作能力无限的信

任。迈克尔总是鼓励我们破除惯性思维，直面常人不敢面对的挑战。

有时这意味着有风险——迈克尔可能不喜欢我们尝试的风格。比如"柏林外套"（Berlin Jacket）：一件黑色的无拉链皮大衣，佩有汽车俱乐部徽章。这是我们在欧洲汽车展采风时获取的灵感。

当我们把这件衣服给迈克尔看的时候，他问："你们怎么设计了这么一件衣服？"他拒绝试穿。当时我们十分焦急，但是由于我和丹尼斯坚持，他最终穿上了，最终这也成为他最喜欢的一件衣服。这种基于相互信任的互动成为之后我们与迈克尔共事的基础，从一开始的工作交接，一直发展为相互信任的朋友关系。

对我们来说，迈克尔更像老师，他以一种我们前所未见的方式改变了我们的职业生涯。我们作品的内涵深度和复杂程度经常让我们自己都为之一惊——可以说迈克尔就是我们的缪斯。他的人生哲学就是尝试新事物，让人们感到惊喜。我们也受此影响，他教导我们期待改变，寻找生活中的乐趣、笑声。我们一起创造了他口中的"可穿戴的

艺术品"。

虽然迈克尔的很多衣服看起来都有点太过于"随意发挥"，但这都是深思熟虑的结果。为他设计服装是个多层次的过程：要传递信息，要调动情绪，更要让人过目不忘——即使只看了一眼。他的着装与他的歌词、音乐、电影短片、舞台特效、巡演等十分协调，可以说是一个和谐的整体。

最明显的例子就是"倾斜舞步鞋"（the Lean Shoes），那是迈克尔给我们最大的挑战。在他的《犯罪高手》（Smooth Criminal）电影短片中，他的编舞中有一段向前倾斜45°角的舞蹈动作，就是后来著名的倾斜舞步。迈克尔想将这段表演带到舞台上，他希望我们设计一些辅助道具。我们发明了一个装在鞋内的装置来钩住地板上的螺栓，使迈克尔可以现场表演倾斜舞步。他为这个小道具申请了专利，以我们三个人的名义。经过这次冒险尝试，迈克尔帮助我们从"艺术家"成长为"发明家"。

迈克尔不喜欢顺应流行的风格，他称那些设计批量生产服装的设计师为"制造工厂"，还说："应该让衣服来适

2

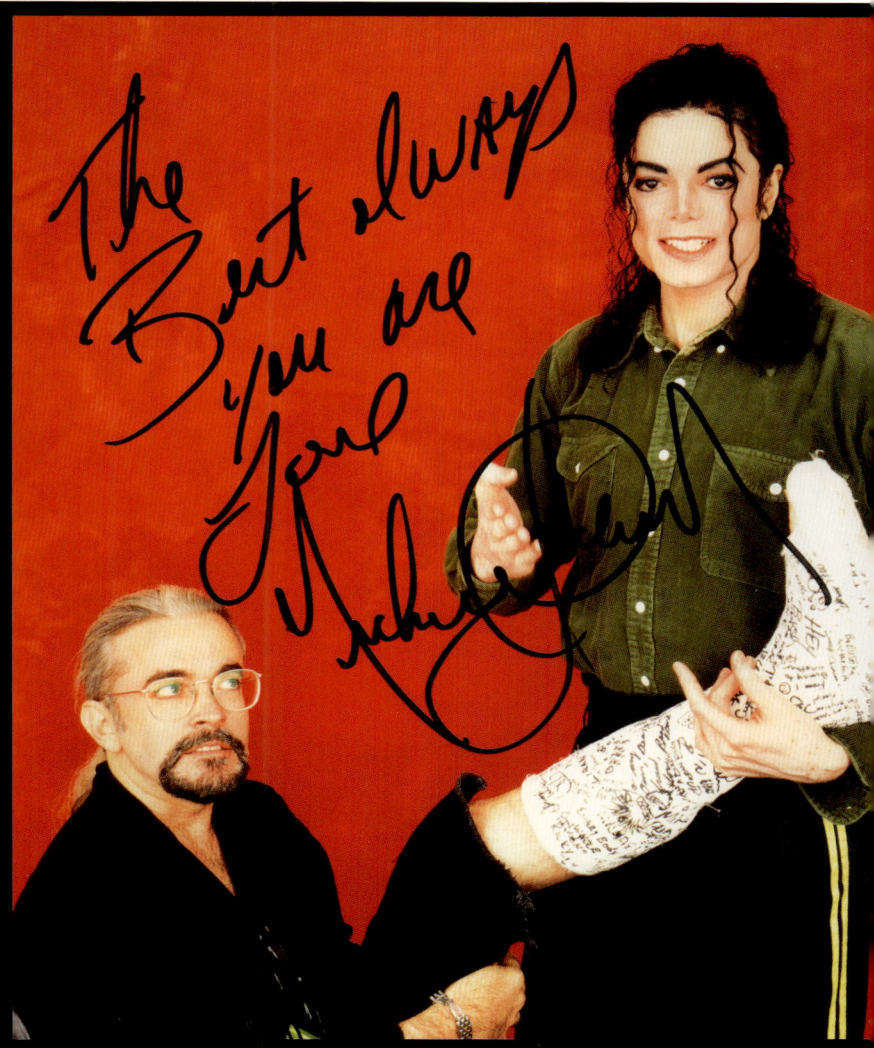

应我，而不是我去适应衣服。"他的穿衣法则是功能优先。如果这件衣服不能为某个功能服务，那他绝不会穿。他要求着装要得体舒适，因此衣物面料的选择就尤为重要。灯芯绒衬衫正是因此成为他的最爱。迈克尔喜欢宽松的衣服，但是他也不拒绝紧身款的——毕竟是他穿衣服，而不是衣服穿他。

迈克尔的身材如舞者一般，他所有演出服的裁剪和面料都力求贴身。他希望观众看到的不是衣服，而是他这个人。他喜欢的衣物都有一个功能——防止被狂热歌迷抓住。基于这个原因，我们尽量避免领带、流苏、喇叭裤等，只留出让他伸手的空间。

舞蹈对他的着装选择有重要影响，为他以及他的伴舞准备巡演服装，让我们更懂得如何平衡歌曲、舞蹈与服装。例如，迈克尔一直都只穿富乐绅牌（Florsheim）皮鞋。不是说在一个小店买一双黑色休闲皮鞋有什么问题，但任何拥有如此荣誉和财富的人可能都会选择一双更昂贵的鞋，但迈克尔不是这样的人。迈克尔童星出身，他自小学舞蹈时起就穿富乐绅鞋，这种鞋十分舒适。设计师会送

给迈克尔更贵的鞋子，例如，古驰（Gucci）的平底皮鞋，但迈克尔从来不穿，担心穿上这种鞋会影响自己跳舞。

我们逐渐了解到的关于迈克尔其他鲜为人知的小秘密，包括：为什么迈克尔从来不给鞋打蜡，为什么从来不穿羊毛或皮草制品；为什么独爱莱茵石、亮珠以及那些华丽的天然织物；他为什么每套搭配都需要焦点；他一直以来最喜欢的夹克；还有他最喜欢的小饰品；我们也一直不清楚他为什么那么喜爱英国皇室、埃及黄金、米开朗基罗和火箭筒泡泡糖；当然还有我们私下最爱的迈克尔最隐秘的小秘密，以及他喜欢对我们搞的恶作剧。

迈克尔真的是一个让人捉摸不透的男人——当然我们能通过设计的服装展示他，例如，硬汉军事风的剪裁兼具灵活性；宗教风胸饰搭配绅士装扮；在迈克尔这样一个谦逊的人身上挂上一堆炫目的装饰；手工打造的服装搭配陈旧磨损的富乐绅鞋。迈克尔·杰克逊就是典型的、神秘的超级巨星。这本《颤栗与辉煌——迈克尔·杰克逊的不朽时尚》就将通过他的时尚潮流搭配呈现他的旅程。

3

第一章

颤栗时代，颤栗时尚

迈克尔·杰克逊一直以来最喜欢的服装就是这件奶白色军装夹克，服装上有珍珠以及乳白色小玻璃圆珠。珍珠成列地紧紧贴在翻领上，在灯光照耀下不断变换色泽，看起来十分抓眼，就好像列队的士兵。

我们设计这件作品时，已经担任迈克尔的私人造型师、设计师、服装师长达七年。虽然我们也有一些合作供应商帮助我们收集要用到的面料、材料等，但设计和服装制造都是由我和丹尼斯两人完成的。

1991年，迈克尔正准备出席第64届奥斯卡颁奖典礼，他给我打电话说道："布什，我要和麦当娜（Madonna）一起出席奥斯卡颁奖典礼，帮我问问她要穿什么。"

"迈克尔，任何一个女人都不会在踏上红毯之前透露她要穿什么，我们肯定问不出来的。"

"我相信你能办到。"

电话挂断。

我和丹尼斯面面相觑，马上开始给有可能对此事知情的人打电话。这犹如大海捞针，但是迈克尔觉得一切皆有可能。我们经过一番努力，得知鲍勃·麦凯（Bob Mackie）是麦当娜的设计师，进而得知麦当娜有可能穿一件白色珍珠长裙。再进一步的消息就无从探知了，但是聊胜于无。

丹尼斯绘制了两幅概念草图：一件经典款式无扣西装外套，衣长及臀；另一件是军装夹克。两件衣服都采用珍珠和亮珠点缀。那时我们离这场举世瞩目的娱乐盛宴只有一个星期的时间，我赶紧跑到迈克尔的录音室，将两张概念图放在混音台上。他盯着它们不说话，过了一会儿，他问道："布什，能把两件都做出来吗？"

老天！我们只剩一星期的时间，还得赶衣服，不是一件，是两件！

"没问题，迈克尔！"

这种事情很常见，实际上，我们在为迈克尔准备出席典礼的服装时，很少只准备一件。我们通常准备两套完整着装以及一些可随意搭配的装饰。因为选择权在迈克尔，他更愿意即时选择穿哪些衣服。他会选择穿哪件完全出于直觉或者一闪的灵光。

在奥斯卡颁奖当晚，我早早就赶到为他准备着装，我将两件衣服都带来，放在床上。丹尼斯负责服装的构思、完成手工艺饰品，以及和我共同完成服装的最终制作，而我则负责把控整体外观设计，巡演时的服装编排，有时候还可能要"淘汰"一些衣物。

第四页：在《黑与白》（*Black or White*）电影短片的拍摄现场。
对页图：迈克尔在《危险之旅》（*Dangerous Tour*）巡演上表演开场秀，服饰极尽潮流品味。

上图：1993年，洛杉矶圣殿剧院（the Shrine Auditorium in LA），迈克尔被授予格莱美传奇奖（Grammy Legend Award），当时他就身穿珍珠军装夹克，和他的妹妹珍妮特一同出席。

上右图：迈克尔同时自己也是一名素描艺术家，他能画出自己脑海中的想法，这幅素描就是他想象中的珍珠军装夹克。

迈克尔手指着那件传统晚礼服款的外套，说："我今晚想穿这件，"然后拍了拍军装外套，"格莱美穿这件，先收起来吧。"

当晚迈克尔就穿着那件晚礼服外套出席了奥斯卡。两年后，1993年的格莱美典礼上，迈克尔与他的妹妹珍妮特（Janet）一同出席，他就穿着另一件珍珠军装外套上台领奖。这是他一直最喜欢的一件外套。

我们与迈克尔共事25年以来，为他设计了数百件衣服，到底是什么让这件外套脱颖而出，成为他的最爱呢？这件外套的剪裁并无出众之处，这是他标志性的军装风格——腰线收紧，肩线加宽，装饰性的肩章迁动人们的目光。其实，答案很简单：奢华风。

迈克尔着迷于英国王室和军事史。迈克尔最喜欢的一句名言，"人总是被这些华而不实的小玩意吸引。"——你们绝对想不到这是出自拿破仑之口。拿破仑用这句话来暗示奖章对于士兵的重要性。当我们在欧洲巡演时，迈克尔将参观城堡和古城列入他的必做事项中。他着迷于国王和王后的画像，在白金汉宫，在伦敦塔，在国会大厦，他可以盯着墙上的画像许久许久，将其尽数领会吸收——富丽堂皇、浮华盛世、各式徽章、头衔以及夸张的绘画手法，这一切都令迈克尔心神向往。

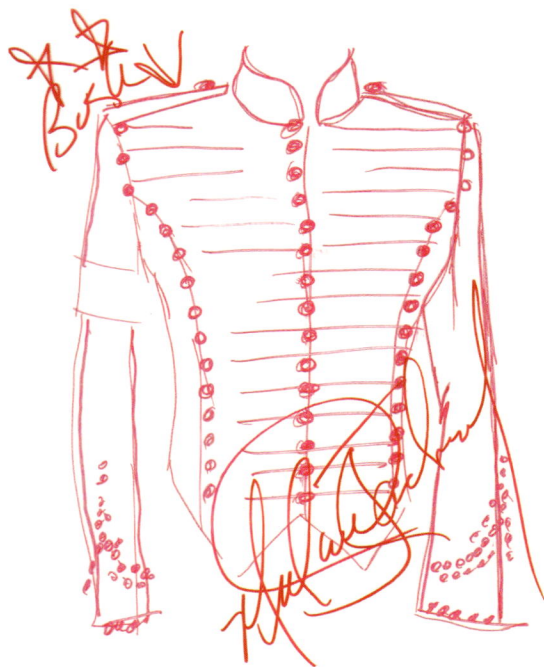

在迈克尔的演出服装上，我和丹尼斯研习了历任君主和欧洲军事史后，将注意力放在了最臭名昭著的国王身上——英格兰国王亨利八世。我们研究的成果就是——珍珠。这位国王将珍珠运用在服装上，衣领、马甲都闪闪发光。在那段时间，由于珍珠价格高昂，只有皇室能穿戴珍珠，可以说珍珠是最上层人士的专属。珍珠不是挂在线头上，也不是用作项链，皇室的珍珠是*缝在衣服上*的。

虽然迈克尔被人称作"流行音乐之王"（King of Pop），但实际上最早是伊丽莎白·泰勒（Elizabeth Taylor）公开这样称呼。在1989全美音乐大奖上，泰勒称迈克尔为"流行乐、摇滚乐和灵魂乐之王"。随后媒体纷纷采用这个称呼。

没过多久，我和丹尼斯就发现，只要我们在合适的地方放上一个小王冠、盾形徽章或是小天使图案，我们的工作差不多就算完成了。而这些小装饰也是大众看到他时目光所聚焦之处。他会因为一枚双头狮徽章而欣喜，我们为他戴上这些"新"饰品时，他开心得就像小孩子一样，他还会悄悄问我们："布什，你们怎么知道我喜欢这个？"

我*很想*回答他："喂！又不是第一次了！我都干了好多年这活了！"但我通常只会回一句："我们就是知道你喜欢什么。"我觉得这会让他心里舒服，毕竟给一个会让他开心的回答，在他的时尚舒适圈中对我们也是好事。偶尔有一两次迈克尔也会说："布什，我要拍电影短片了，这次你得换下造型。"那么我们就会为他尝试不同以往的造型——如果你会称为"改造"的话——不过下一次还是回到他喜欢的风格。

欢乐的意外——我们与迈克尔的相识

大家一闭上眼，就能想起来迈克尔穿着军装式外套的样子，但实际上迈克尔的造型不止表面看到的那么简单。试想，为何一个男人逼迫自己永不满足，力求创新？他的每套搭配为何做工差别不大看起来却天差地别？如此这些壮举都要归功于迈克尔的"魔法"。

迈克尔希望自己无论穿什么，都表现出一种"叛逆感"，同时再通过夹克硬挺的线条表现出权威。军装风让人们不由自主地关注，产生敬畏，但这可是摇滚！一旦用塑料或橡胶制作较传统的服装，那就有了"叛逆感"，人们对你总会有点刻板印象，那这可以说是很巧妙地给了当头一棒。

传统仍然不变，那些艺术也不会改变，但我会用我自己的方式反叛那些"体系"——我想迈克尔会这么想。我相信这一点，他的叛逆，增强了迈克尔与歌迷之间的沟通能力。即使抛开他的着装不谈，你仍然会不由自主地与他心灵相通，这就是我初见迈克尔时所发生的——心有灵犀一点通。

我们于1985年开始和迈克尔合作，那是在音乐电影《伊奥船长》（*Captain EO*）拍摄

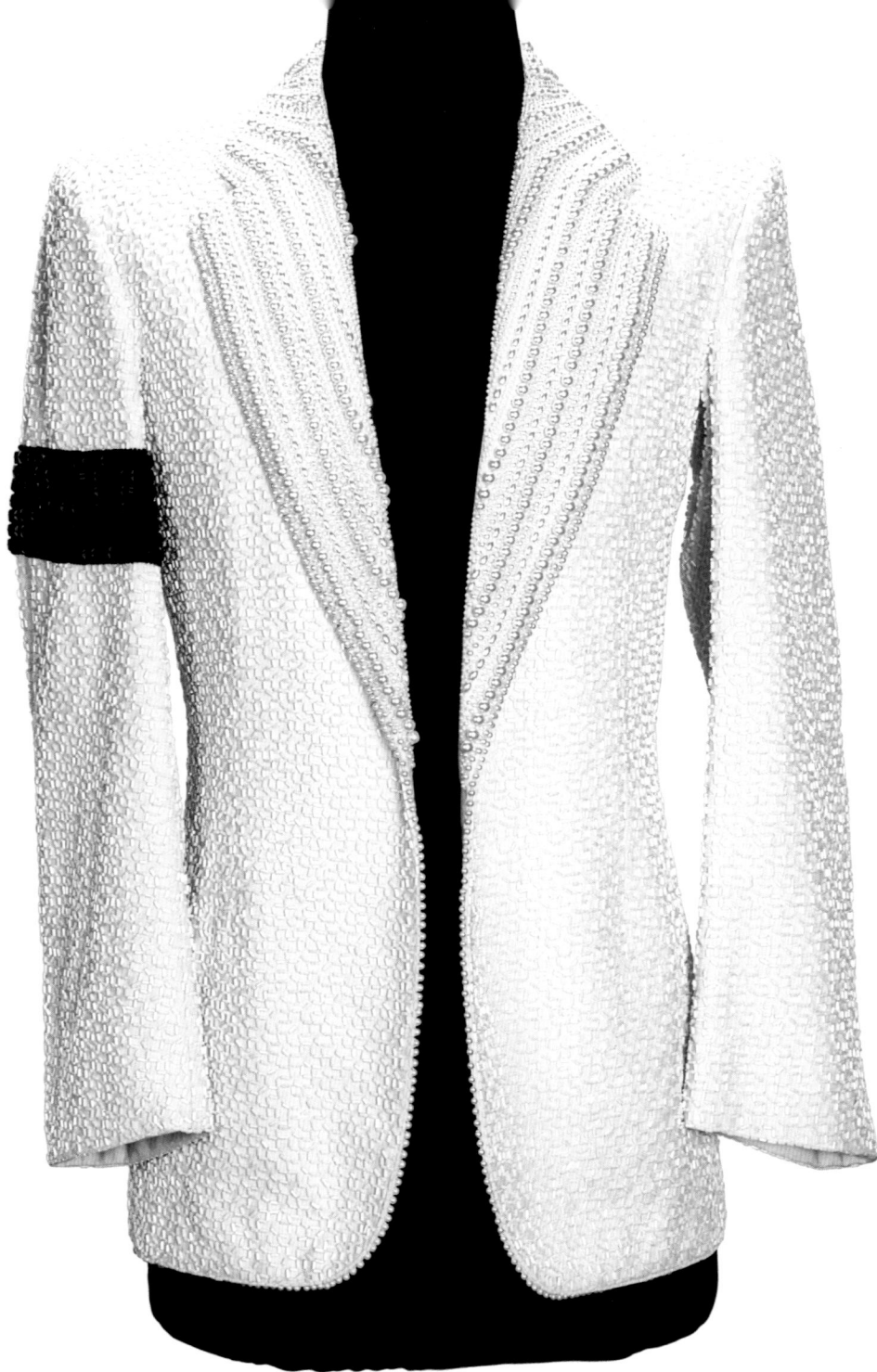

期间。就像所有传奇一样，我们与迈克尔的相识始于一次巧合。那时我和丹尼斯都在美国ABC电视台工作，我做各种各样的杂活，有需要我就干。例如，要是有要缝制的服装，就我来缝；电视剧演员缺造型师了，也是我上。而丹尼斯则刚开启他的造型师生涯，他负责为"老牌好莱坞"偶像准备造型，如米尔顿·伯利（Milton Berle）和乔治·伯恩斯（George Burns）等人。不久，他又升任ABC电视台的服装剪裁师、试衣裁缝，随后迪士尼聘请他在《伊奥船长》拍摄时联手服装设计师约翰·纳皮尔（John Napier）工作［纳皮尔为《星光快车》（*Starlight Express*）、《猫》

上图：1991年3月21日，迈克尔就穿着这件珍珠夹克和麦当娜一同出席奥斯卡颁奖典礼（the Oscars）。

9

"迈克尔·杰克逊一直以来最喜欢的一件衣服就是这件奶白色军装夹克，衣面上有珍珠以及乳白色小玻璃圆珠。"

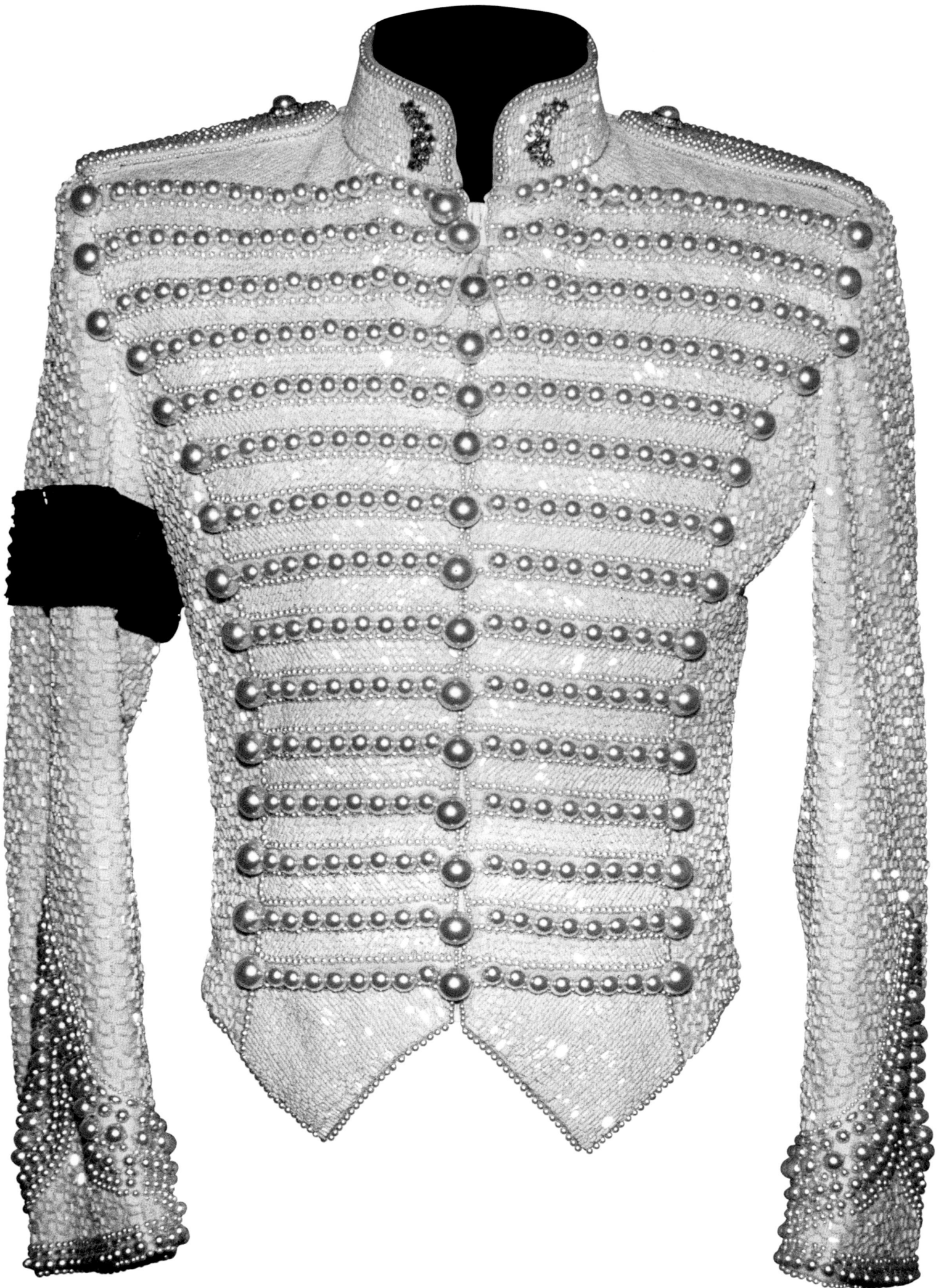

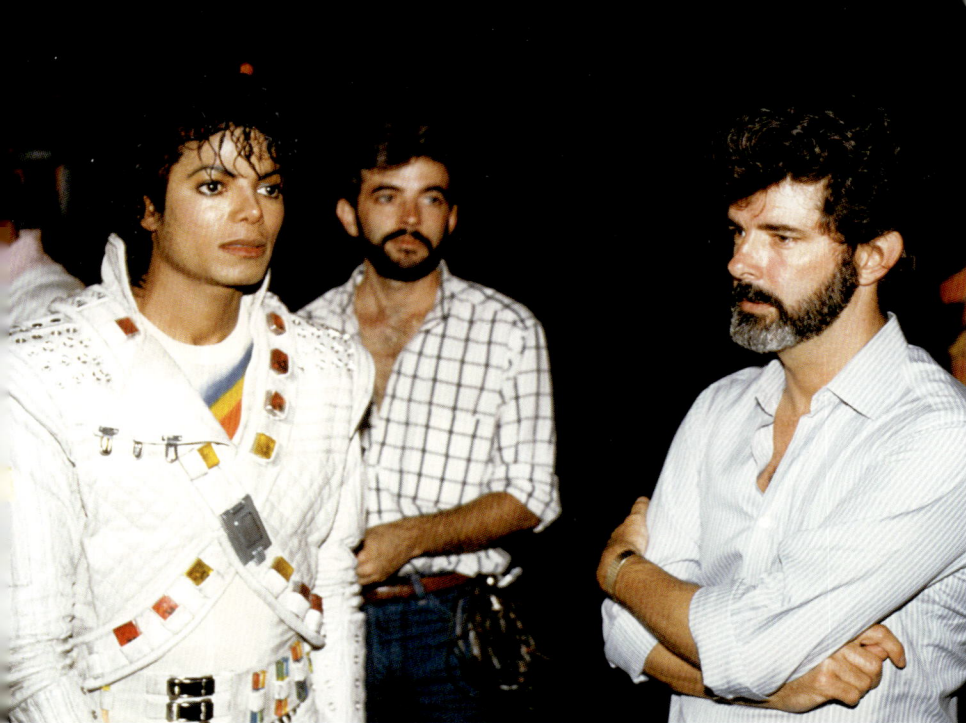

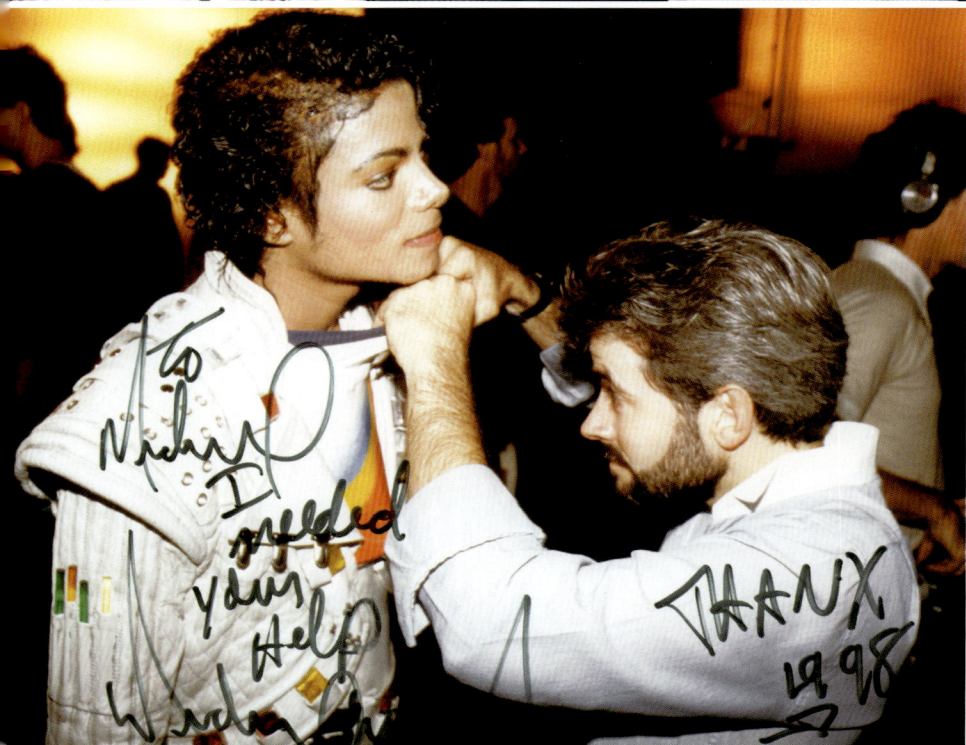

顶部图：著名出品人乔治·卢卡斯（George Lucas）（图右）来到《伊奥船长》的拍摄现场和我们一起讨论，我们聊得很开心。

上图：在拍摄时，迈克尔的水手领衬衫和整体服装效果有点冲突，这里，我的"工作"就是拿起剪刀修剪衬衫。

对页图：这件发光的"伊奥外套"就是"电力套装"的前身。

（Cat）等知名音乐剧提供服装设计工作]。

当我得知丹尼斯能在夏季休息期得到这份工作时十分开心，因为这能让他接触到电影圈。不过丹尼斯本人没有像我一样激动得上蹿下跳，因为这意味着他不得不牺牲三个月的假期。我和他解释说，在他的简历上写道"曾为弗朗西斯·福特·科波拉（Francis Ford Coppola）执导、乔治·卢卡斯制片的电影提供服装设计"，将会给他带来难以估量的机会。在我的不断劝说下，丹尼斯最终签下

合同，并将我纳入他领导的小组的 15 名裁缝中。在那个夏天，我们只顾着在工作室中为舞者设计服装，完全不知道这部电影主角是谁。就在完工的那一天，我们被带领着在拍摄现场逛了一圈。

"那就是迈克尔·杰克逊登上舞台所乘坐的电梯。"一位工作人员告诉我们。就是那个，迈克尔·杰克逊？我惊呆了。当时正值《胜利》巡演（Victory Tour）结束——水晶手套、太空步惊艳全世界。可以说在 1985 年，没有任何人、没有任何事比得上迈克尔·杰克逊。毫无疑问我也是他的一个歌迷，但是"我刚刚为一部迈克尔·杰克逊主演的电影准备服装"这个念头却让我浑身发抖。就在几年以前，我还只是一个来自阿巴拉契亚的小男孩，从母亲那里学了点手工缝制的手艺，克服千难万险才进入好莱坞。我可能没接受过系统训练，也没有任何的电影行业经验，我唯一拥有的就是一张让人信服的嘴，我很高兴我将我的能力运用在了丹尼斯身上。

除了完成与《伊奥船长》拍摄相关的任务，丹尼斯还被要求为迈克尔准备服饰，为电影拍摄做相关准备，但丹尼斯拒绝了，他只是一名服装剪裁师，他只想把自己的注意力放在自己的本职工作上。"问下迈克尔·布什愿不愿意吧。"丹尼斯这样向一位制片人提议，他们也确实这样做了。

"我可能不喜欢他。"我对电影公司直接说"试试看。"

在好莱坞时尚界，有某种"继承制度"：设计师把设计草图发给剪裁师/试衣裁缝，后者再剪裁出纸样，选择合适的面料在试衣人体模型上试穿，剪裁师将成衣零件交给缝纫师，缝纫师将完工的服装交给明星服装的"管理员"，这些"管理员"的任务就是将衣物挂在衣架上，等服装师给出搭配。最后由服装师将衣物从衣架上取下来，穿到表演者身上。

我和迈克尔·杰克逊同岁，当时我们都是 27 岁。虽然我刚进入这个行业两年半，但

本页图：即使有只猴子站在他肩上，迈克尔·杰克逊扮演的伊奥船长仍然能够感化女巫，将其变回女王。后背中心的显示屏连接着藏在迈克尔右腿的电池包，当安吉里卡·休斯顿（Angelica Huston，饰演"女巫"）被感化时，迈克尔的外套就会发光。

我相信他的这个优势——他的叛逆，增强了迈克尔与歌迷之间的沟通能力。

有一件事我很清楚：像迈克尔这样能力出众的人居然还没有自己的服装师，这是值得亮红灯的。问题出在哪儿？肯定要有个原因。

第二天，我拿着迈克尔的衣服准备带到他在拍摄现场的保姆车上，我在路边等了一个小时，手始终高举着他的衣服不敢放下。当我最终得以进入车厢时，里面一片漆黑，热得好像是在地狱。迈克尔一直就在保姆车的尾部，床在那里，我能够听到他的宠物猩猩"泡泡"（Bubbles）在床上跳的声音。一盏小桌灯点亮，就靠着微弱的光芒，我勉强看到影子。

"我在这后面。"

我向床走去，猩猩抓住了我的腿。我心想，*大概这就是为什么迈克尔没有自己的服装造型师*。

"他们都准备好了吗？"迈克尔问，"除非所有人都准备妥当，不然我不想试衣。"

"是的，我就是被派来为你试衣的。"

"这句话没有任何意义，麻烦再回去一趟，确保他们*真的*都准备好了。"

于是我又走出去，还得让被黑夜遮蔽的眼睛再次尝试适应早晨的光明。在确保了"他们"真的都准备就绪后，我回到保姆车上准备给迈克尔试衣。

就在我再次回到保姆车上往尾部走的时候，一个去茎樱桃突然打到我脸上，我看不清从哪来的，但我能听见咯咯笑声。*我不会喜欢这只猩猩*。我这样心想，只觉得是泡泡在打我，突然另一个樱桃打在我肩膀上。传来迈克尔忍不住哈哈大笑的声音。我已经到他面前了，他看着我，就好像一个12岁的少年，要向我展示他最大胆的行为。他又向我猛甩一个樱桃，看着我惊讶的表情哈哈大笑。*好，你要玩是吧，我陪你玩*。我捡起掉在地上的一个樱桃，向他一弹。迈克尔看着我，笑得合不拢嘴，他慢慢地将装有樱桃的碗端过头顶，眼里闪过狡黠的光芒，把所有的樱桃都倒向我。

自那之后我们关系亲近了不少。假设有

个人不懂玩笑，或者不喜欢开玩笑，那迈克尔不希望自己的身边有这样的人。我通过了他的幽默感考验。

在《伊奥船长》的拍摄途中，迈克尔的服装也有破损的时候，当然这在较长时间的工作中是很正常的。他的舞蹈服饰是皮革的，内衬比较硬挺，这就意味着当迈克尔需要衣服来支撑编舞动作时，衣服很难伸展开。每天晚上我都会把衣服带回家，修补，然后带回片场，观察迈克尔是怎么穿这件衣服的。迈克尔每天会跳常规的舞蹈动作，于是衣服又会破，我就再带回家修修补补。

"迈克尔，我现在每天修补这件衣服花的时间比重新做一件还多，我还不如给你做一件适合你的衣服。"

对页图：电影短片《黑与白》（*Black or White*）拍摄现场。
上图：迈克尔抱着泡泡，最出名的一只白脸黑猩猩，我们也很乐于为它设计衣服。

17

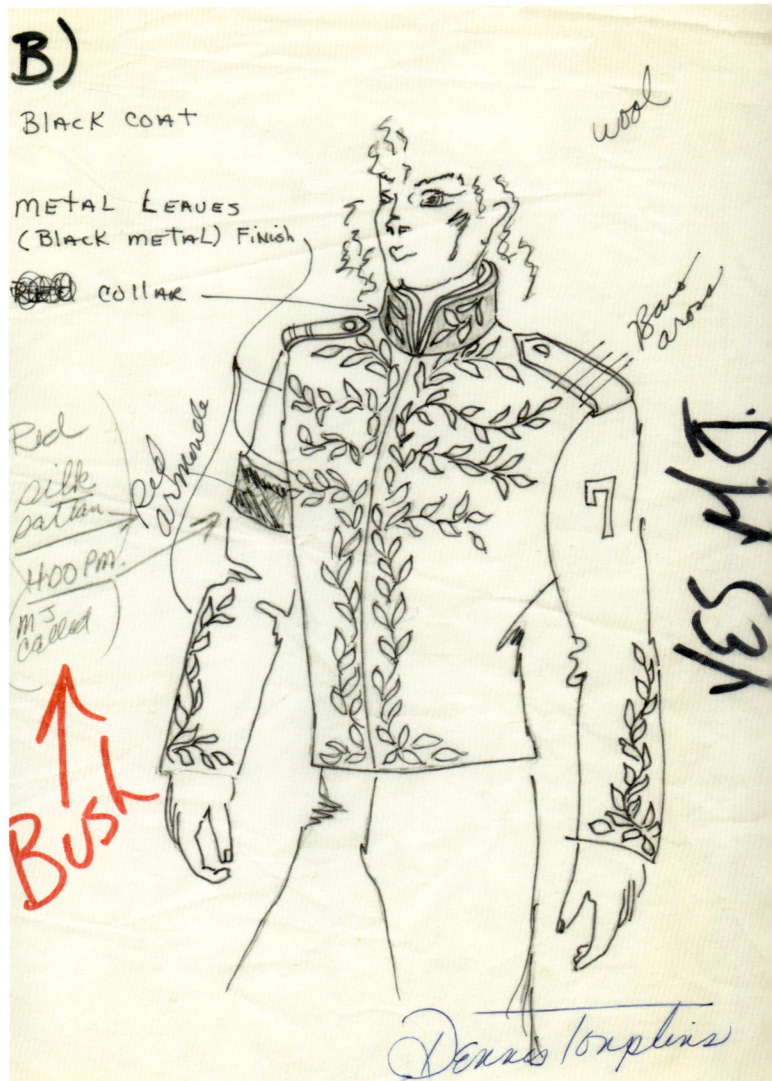

迈克尔十分感激，但他提醒我当时那不是我的工作，他还是回绝了我的提议。不过最终他被我的承诺所打动："我能为你制作一条永远不会破的裤子。"

我做出了成品，迈克尔穿上进行了一天的舞蹈和拍摄后，他问我，"布什，你怎么知道的？"

贴身和功能性，这就是我所知道的。我有幸能在现场观看迈克尔表演，我仔细观察他的身体如何律动，知道了他的衣物需要完成什么功能。对于我来说，我能够"亲手诊断"，了解为什么迈克尔的服装不能达到预期，然后亲自操刀，为他设计能够配合他舞蹈动作的服装。迈克尔的服装要为他的动作服务，如果不了解他的舞蹈，我就不能设计出最适合迈克尔的服装。

之后，我又在迈克尔的《犯罪高手》电影短片中为他准备服装，同样，也偶有破损。"布什，我希望你能帮我设计一条永远不会破的裤子。"我也按照他的想法做了，一切很自然，在对的时间做对的事。我们把他的第一条裤子改造了下，让其能够伸展。那是一条李维斯（Levi's）501号牛仔裤，我们把它剪开，在裤腿内侧加上了氨纶面料，再缝好，方便迈克尔·杰克逊能做出他独具魅力的街舞动作。

从此以后，我就成为全职服装师，工作室打来的电话更频繁了。"一星期以后迈克尔要去这里或哪里，我们需要你。"在舞台下，我研究迈克尔在排练时的舞蹈动作，让我对迈克尔的身体和他对自己身体的掌控力有了进一步了解。我从服装师进化成为服装设计师。1987年，我被邀请随迈克尔一同参加巡演，负责管理迈克尔当时的设计师比利·怀顿（Bill Whitten）所设计的服装。我当时以为自己已经升上天堂了。我是一个土生土长的俄亥俄男孩，我在这片土地出生，在这片土地成长，我从来没出过国，我甚至都没有护照。我对我的家人朋友还有丹尼斯说，我要去日本协助迈克尔完成他的首次个人巡演——《飙》巡演，我感觉无比荣耀。当你只身独闯好莱坞的时候，很多人都希望你失败然后灰溜溜地回老家，但我不会如他们所愿。我即将环游世界，功成名就！

一般来说，舞蹈演员的服装做好后才会给他们看到，因此当我看见表演者们一边完成自己的本职工作一边还要担心衣服的问题时，我感觉很难受。在早期，我看着迈克尔由于服装的问题，他的专注力受到影响，不能很好地表现歌曲和舞蹈，我心想，*不应该是这样*。他不应该操心服装的问题。他不必被迫接受那些不恰当的服装。

但除了贴身和功能性，在为迈克尔准备服装的过程中，我们还学到了其他东西。他的服饰应该是"首创的"。我们在迈克尔的服装设计和服装搭配上的理解更深了。贴身和功能性，当然这是必需的。但也不要忘了"首创性"。这不意味着要做第一个将袜子套在裤子或者戴曲别针手镯的人。迈克尔的创造力能够将所有我和丹尼斯敢于想象到的概念变为现实。我相信他也察觉到了这一点，他用他自己那奇妙的方式帮助我们改变了思维方式，改变了我们看待周围事物的方式，帮助我们理解了什么叫真正的"挑战极限"。我们知道迈克尔不希望我们看到却没留意细节。迈克尔一直希望他的衣服能包含他和他歌迷经常开的玩笑："你在看吗？你注意到了吗？"

谜题

迈克尔塑造我们的创造力的过程都是潜移默化的，就好像所有的优秀教师一样。他最独具特色的一个方式就是给我们出谜题，他喜欢看我们白费力气寻求答案。我们也都知道他觉得这样做很有意思。在某种意义上，这种思维游戏确实是我们从迈克尔那里学到的最好方式，不过我们当时并不清楚。

有一天深夜，我接到电话。

"有件东西世上所有人都能认出来，这是什么？"

喀哒一声挂断。

哦，天哪，他到底在说什么？

大约在第一通电话打进来的 24 小时后，电话再次响起。

迈克尔问："你们想到什么答案了吗？"

"我想想，米老鼠？"我回答道，*这是正确答案吗？*

"布什，回答得很好，但是我们*没有*米老鼠。"

"哦。"

"再想想，有件东西世上所有人都能认出来，这会是什么呢？"

"你觉得呢？迈克尔？"我快要放弃了。

"我在问你，布什。"

喀哒一声再次挂断。

丹尼斯和我在这几次通话之后都被烦得

19

"迈克尔的创造力能够将所有我和丹尼斯敢于想象到的概念变为现实。"

第20-23页图："晚宴"夹克是迈克尔个人最喜欢的几件服装之一，他在自己的梦幻庄园里宴请宾客时也会穿着。

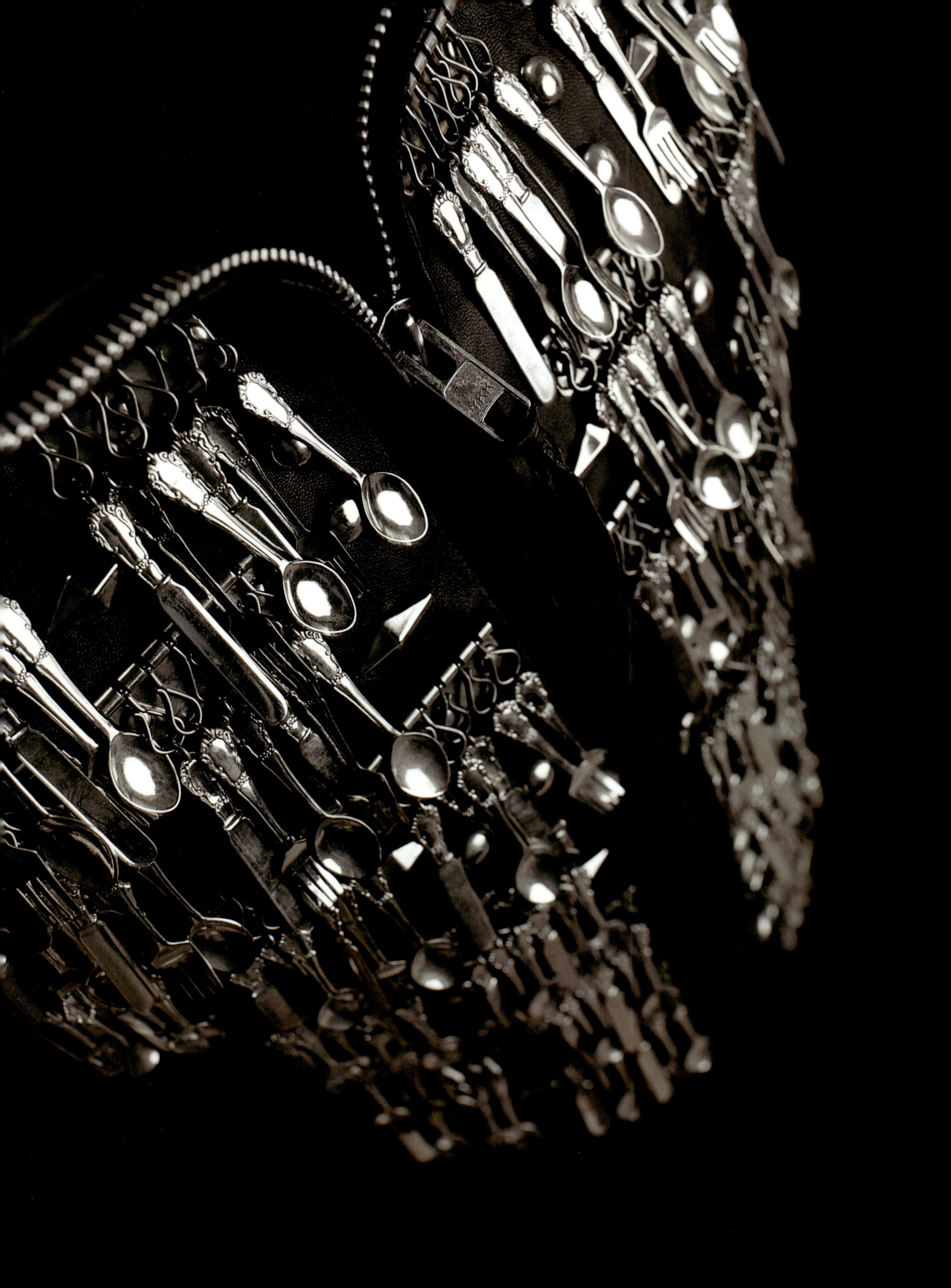

没什么胃口，不过最后我们还是在那周出去吃了顿饭。就在我坐下的一瞬间，看着我桌上的餐具，我也不知道我的脑子怎么转得那么快，答案出来了——刀、叉、勺。世界上的每个人肯定都见过！当晚我就给迈克尔打电话给了他我的答案。

"太棒了，布什。现在帮我做一件有这些东西的外套。"

电话挂断。

我第一时间想问丹尼斯，怎么办？我知道我不该问迈克尔为什么他会突发奇想，因为他也不知道，他根本就没有原因。他的思维方式你完全就不能理解，因此还是去接受他的想法吧。我们多次去跳蚤市场或者其他类似场所，但是当我们看到迈克尔兴奋地东张西望还是会很吃惊，我们只希望我们也能注意到他注意到的那些东西。一回车上，他就激动得弹起来："天哪，布什，你刚刚看见了吗？"

"天呀，没有，我没看见。"

"你应该再回去看看。"他说，一边说一边把车门打开试图把我推出去。迈克尔一直都在训练我们进入他的大脑，真正了解他的思维模式。

我们试着去了解什么能让迈克尔感兴趣，什么能引起他的注意。通常是通过观察迈克尔对我们服装的反应。我们需要预测他的需求，打破常规思维。但是只有在我们真正了解到什么能让他感到兴奋之后，我们才了解了迈克尔的服装准则。

当迈克尔穿上这件"晚宴"夹克后，他特别喜欢金属餐具叮叮当当的声音，银质餐具能够反射光线，听起来又好似挂在钥匙串上的钥匙。这件夹克从视觉和听觉上都有娱乐效果，就好像有特效一样，而迈克尔又能够通过他亲自使用特效让这件夹克更具趣味。

对页图和上图：迈克尔的一些流行服饰。

迈克尔着装的"四F法则"

FIT（贴身）： 织物必须要光滑、有弹性、贴身、透气，绝不能显得臃肿。这一法则是因为他的服装必须要为编舞服务，让他方便做动作，并使其更具观赏性。

———·———

FUNCTION（功能）： 织物必须要能够伸展，以配合迈克尔的动作。另外，喇叭裤在我们看来是没有功能性的。因为喇叭裤会隐藏迈克尔的脚步动作，还可能绊倒他。

———·———

FUN（趣味）： 迈克尔喜欢摩擦时会发出声音的织物，也喜欢嬉皮士风格的拉链。对他来说，能够与他的舞步一同"流动"的衣服会很有趣。闪光、声响，甚至电流，这些元素经常出现在迈克尔的衣物上，不仅起点缀效果，更是画龙点睛。

———·———

FIRST（首创）： 一直以来我们都在打破常规，以至于对我们来说，常规变成了"非常规"。我们的思维模式变成了，"迈克尔还有什么没穿过的吗？我们还有什么没在他身上尝试的？"我们绝不会尝试两件相同的事。

FIT（贴身）：这件银色氯纶衬衫就十分贴身又流畅。迈克尔在《飙》巡演期间穿着这件衣服，能够毫不费力地做各种动作。

FUNCTION（功能）：你可以错过迈克尔在《危险之旅》巡演中表演的摩城金曲串烧（Motown Medley），但你绝不能错过这件荧光黄夹克。为了我到合适的材料，我们甚至请求了纽约市消防部门，他们慷慨捐赠了纽约市消防队员穿着的荧光黄防护套装。

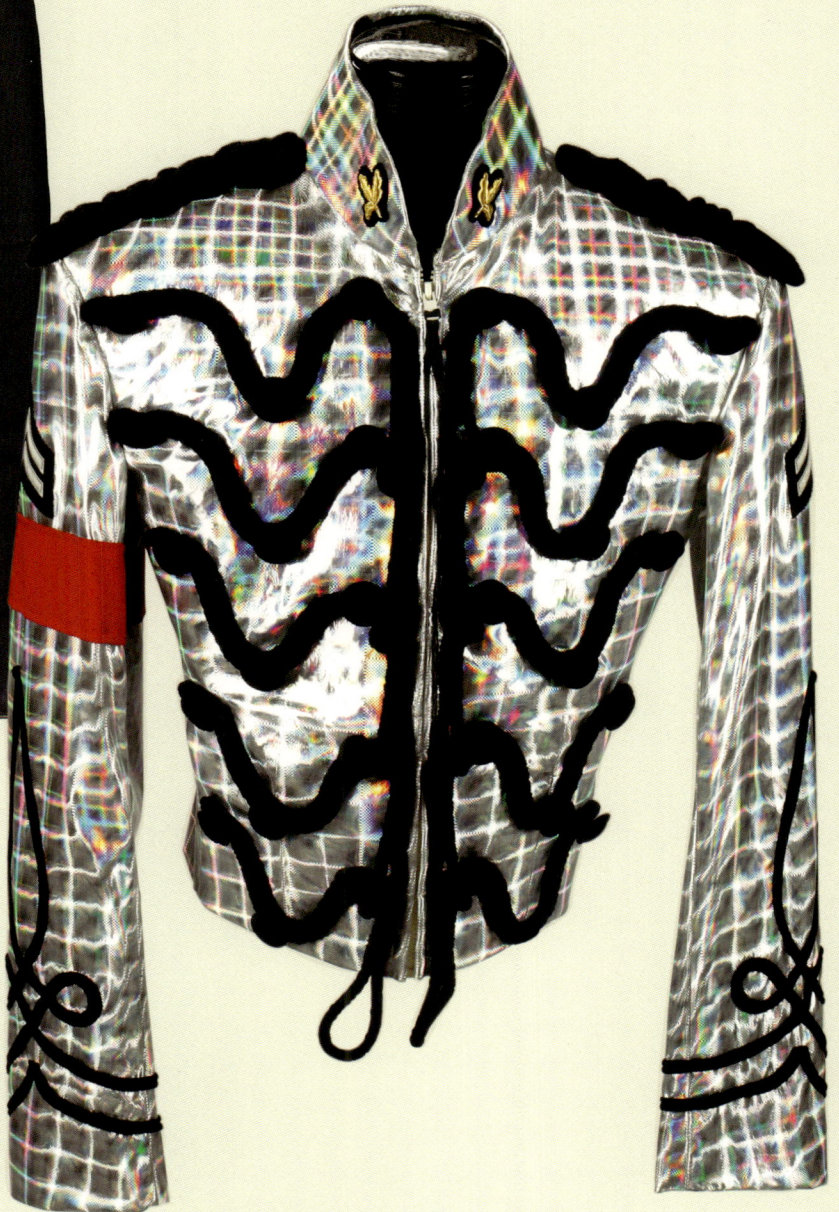

FUN（趣味）："用口香糖包装纸帮我做一件衣服。"迈克尔受五彩斑斓的口香糖包装纸启发，有了这个想法。我们收集了3码（2.7米）全息面料制成了这件轻骑兵夹克。2009年这件衣服在洛杉矶的格莱美博物馆（the GRAMMY Museum）展出。

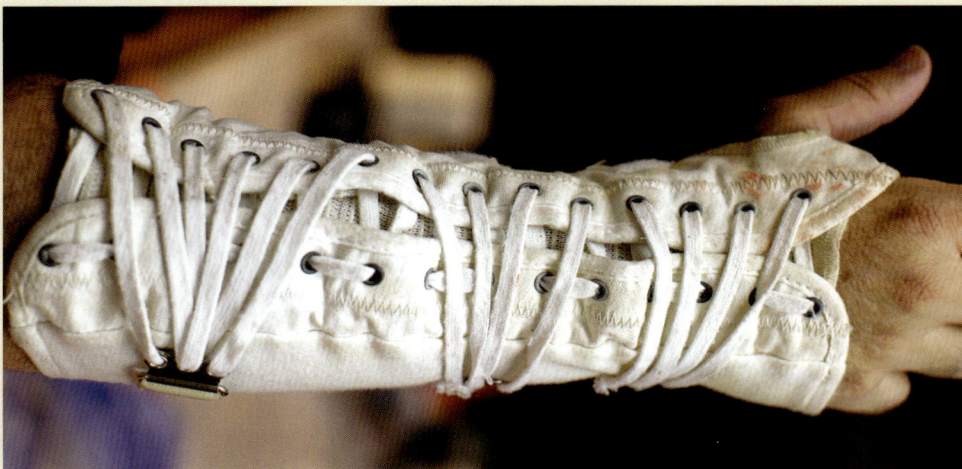

FIRST（首创）：即使在最细微的物件上迈克尔也能准确捕捉到时尚潮流。这件手臂支撑架最早出现在《黑与白》音乐短片中，其灵感来源于医院治疗腕骨神经综合征的医疗器具。

第二章

迈克尔的奥秘

就好像他的音乐一样，迈克尔的服装也很讲究层次感，既要有目的性，还要无拘无束。迈克尔已经在他的音乐中尝试了这一点——将各个独特且毫无联系的元素搭配在一起。如何让混乱的元素在一起又不起冲突，也许这就是迈克尔的魔法。

要想让迈克尔的服装追上他的音乐，就意味着我们的设计要多面化。我们必须平衡好流畅，装饰绝不能显得笨拙，我们不仅会考虑臂章，还有搭扣、拉链、铆钉、莱茵石等。这些装饰品不是"戴在"他身上，而是与他"呼应"。"你们穿不了的，我能穿。"这是他的一句名言。他还希望我们能将他的服装做到顶尖，就好像他的音乐一样。这就给我们一个很难以捉摸的问题：怎么把握平衡，让服装出类拔萃但又不至于猎奇。"在你觉得足够之前，不要停下来。"迈克尔是掌握平衡的大师，这一点在他的音乐中有所体现，我们要做的就是学习这一点，并运用在他的服装上。

迈克尔对于音乐和风格的协调能力可能也是他的天赋。他是在20世纪60年代开始对服装产生兴趣的。当时他还以杰克逊五人组（the Jackson5）的成员身份巡演，工作劳累，让他很想休息一下。这是我在一次和迈克尔的日常聊天中得知的，后来我才意识到他居然告诉了我这么多东西。

那是在1990年的一天，迈克尔和我一起驱车去工作室，当时他在摆弄一件外套面料，想要搞清楚袖子上的叶型莱茵石装饰品。"布什，"他问我，"你是怎么做到把饰钉的尖刺压弯藏起来却不伤到手指的呢？怎么可能镶了这么多个还不流血呢？"

他指的是"环扣"背后的突刺，这是用来把莱茵石固定在衣物面料上的小物件。我被他问的云里雾里，*他问这个干嘛？*

"我有专门的机器。"

行吧，无所谓，毕竟我之前还回答过"大脚怪在哪里"这样的问题。

"真的吗？"

他又在和我开玩笑吗？我有点不懂他的意思，他难道认为我是徒手把几百颗莱茵石硬按在衣服上的吗？难道他能做到？

"我也想要一个机器。"他说着，就好像小男孩看见自己的姐姐拿着大甜筒，口水不停，缠着也要一个。"当我们最开始外出演出时，"迈克尔开始解释道，"我们要自己准备演出服装。我妈妈、我的兄弟姐妹还有我自己，我们

28页：2002年，迈克尔带着镶有2064颗莱茵石的手套为杂志*Vibe*拍摄封面，这也是他最后一次带这个手套拍摄。30页：在一只仅在日本播出的索尼电视广告中，迈克尔在没有音乐的情况下完成了这个神奇的舞蹈动作，他用自己标志性的手指弹跳和舌头敲击节奏来带动自己的身体。

都是自己亲手准备。我记得把这些小莱茵石一个个压进衣服里的感觉，那些小尖刺很利，我的手被扎得都是血，很痛很痛。"

"你可以用顶针。"

"我们没有那种东西。"

从那之后，我意识到迈克尔真的能够理解我和丹尼斯在做什么，并且十分感激我们的付出，因为他对制衣过程的劳累深有感触。

流光溢彩的手套

1990年，迈克尔参加位于洛杉矶市中心的圣殿礼堂的一场颁奖典礼，随着豪华轿车将我们带到场地，迈克尔把他第一双亲手制

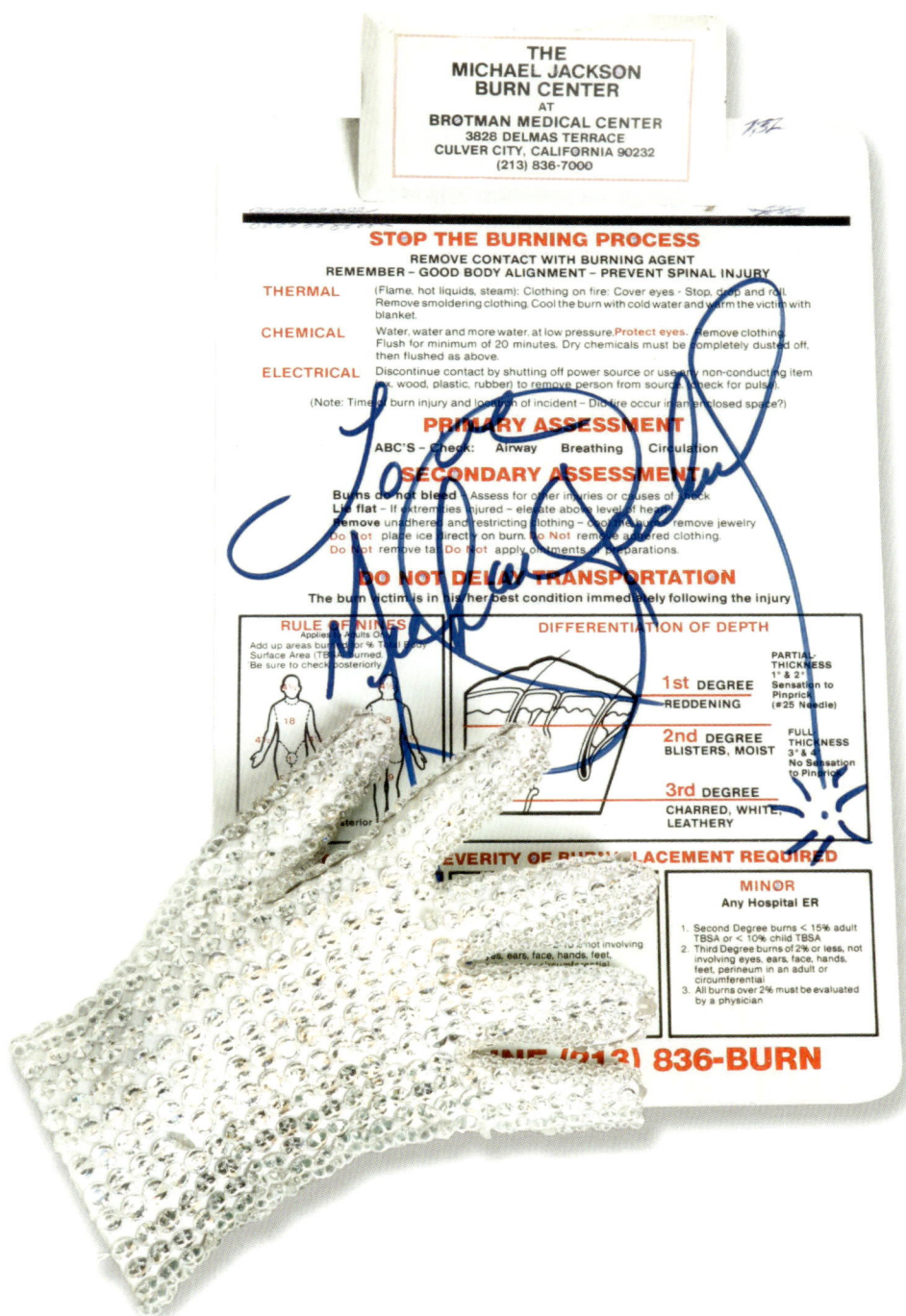

作并佩戴的手套递给我作为礼物，说："布什，既然我能自己做衣服，我相信你也能为我唱歌。"他渴望的眼神还有温柔的微笑表明他不是和平常一样在开玩笑，但我不可能在车里唱卡拉OK啊。我拿着那双小小的手套，情不自禁地想起年少的迈克尔，坐在印第安纳州的小小的家中，一颗一颗地将莱茵石嵌进这双白色服务员手套上。这双手套小小的，甚至质量也不是很好，透露着幼稚的气息，完全不能和眼前这个男人联系起来。

在表演《比利·简》（Billie Jean）时期，演出时的麦克风、舞蹈和他当天的心情往往决定哪只手戴手套，但自从20世纪60年代晚期或是70年代早期开始他的独唱生涯之后，迈克尔无论何时都不会两手戴手套了。

在摩城25周年演唱会上，迈克尔的手套惊艳了世人，连迈克尔本人都意想不到。他说他觉得这一切都要谢谢电视的魔力，"我戴了这个手套好几年了，现在他们终于发现了？"这双白色皮革高尔夫手套上点缀着1619颗晶莹剔透的莱茵石，闪闪发光，是由迈克尔家族的一位助手完成的。随着演唱会录像不断传播，这双手套几乎成为迈克尔的"比利·简"的同义词。

"比利·简"手套有许多变形款式，包括一只左手的红色皮革高尔夫手套，那是在20世纪70年代的，之后比尔·怀顿（Bill Whitten）接手了这份工作，在1984年胜利巡回演唱会的时候把皮革改成了氨纶。在1987年迈克尔在日本举行《飙》巡回演唱会的时候，我加入了他的团队，那时迈克尔左右手轮流戴手套。然而在演唱会第一阶段的第三晚，迈克尔握在右手的麦克风蹭到缝在手套掌心的莱茵石，他能从录音带中听出静电噪声，这让他十分沮丧。作为一名完美主义者，他要求我马上找到解决方案。我把有可能引起摩擦的莱茵石从手套上移除，又和迈克尔

左图：1984年发生了百事可乐广告灼伤事件，当时迈克尔就戴着这只手套，躺在担架上被推出拍摄现场。

制作手套的七步

1. 买一双市面上常见的批量生产的服务员手套。

2. 拆解手套。

3. 将其放开支架上完全拉开。

4. 用隐形笔在上面画水平和垂直线。

5. 逐个将莱茵石缝上去，在手套里面打结固定。

6. 重复上一步，顺序先大后小。

7. 将手套缝合。

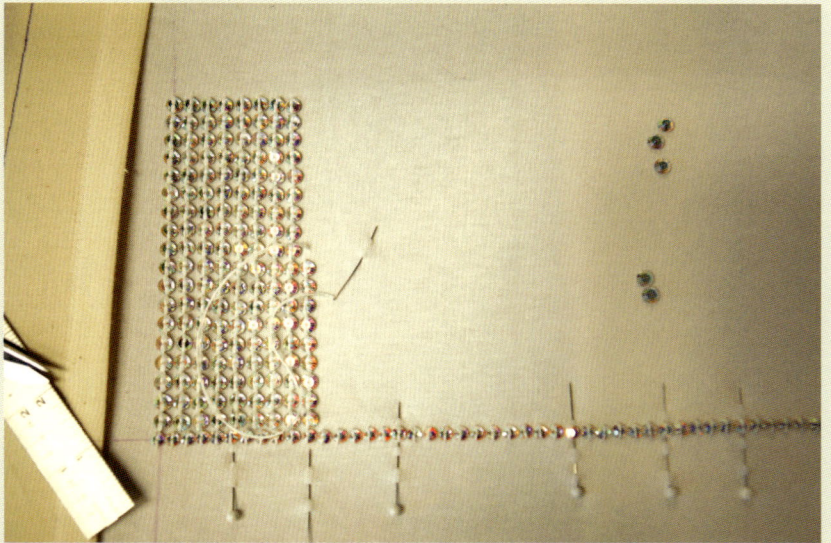

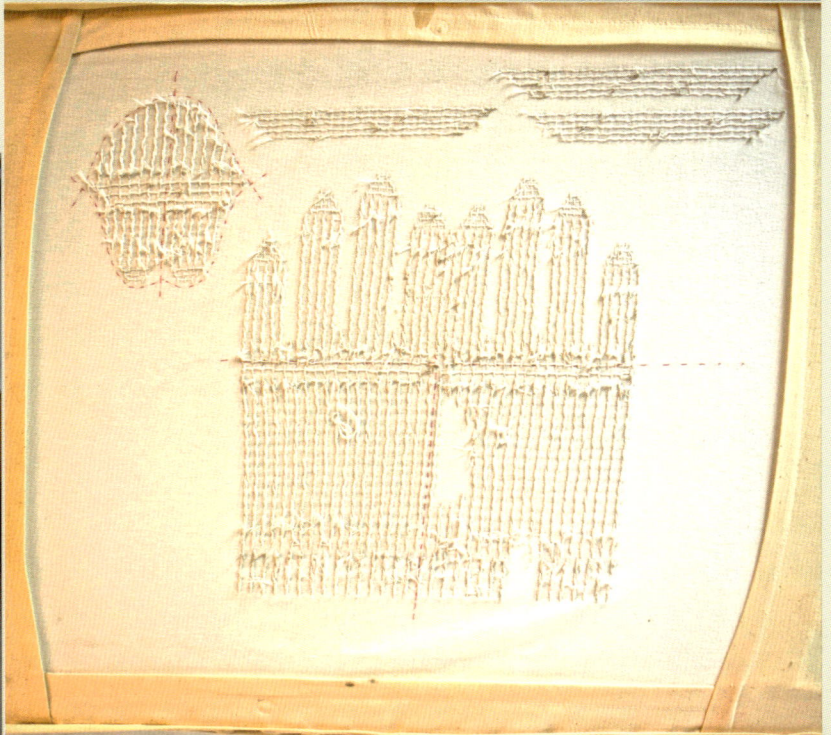

将莱茵石一颗一颗缝合上去，耗时50个小时，每一颗都闪耀着独特的光泽。

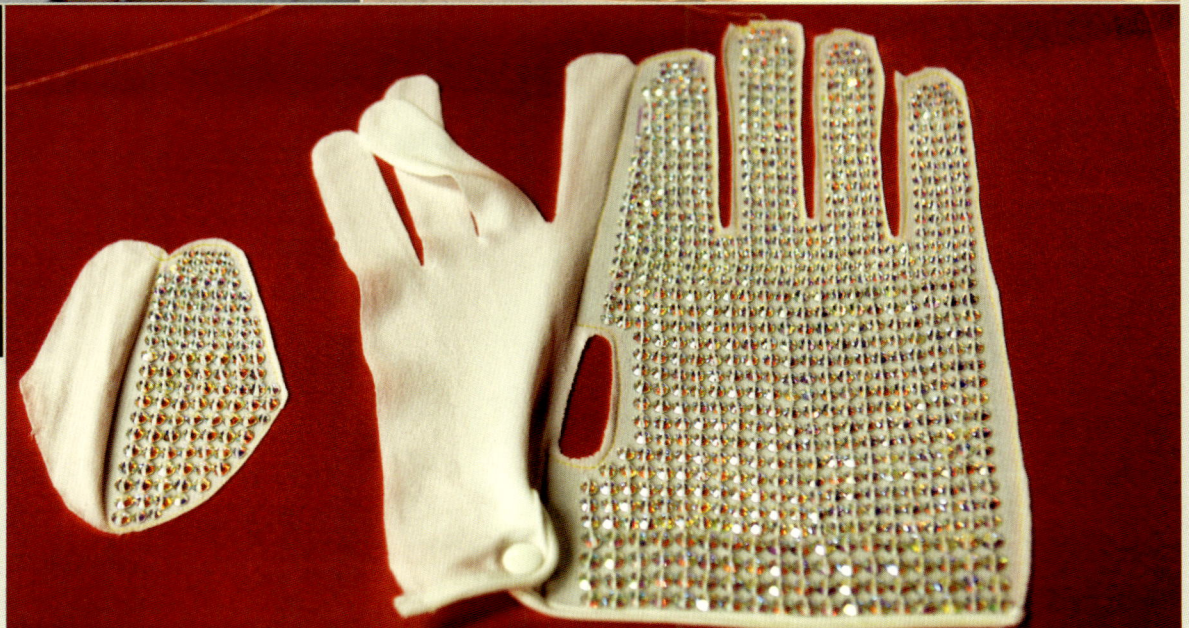

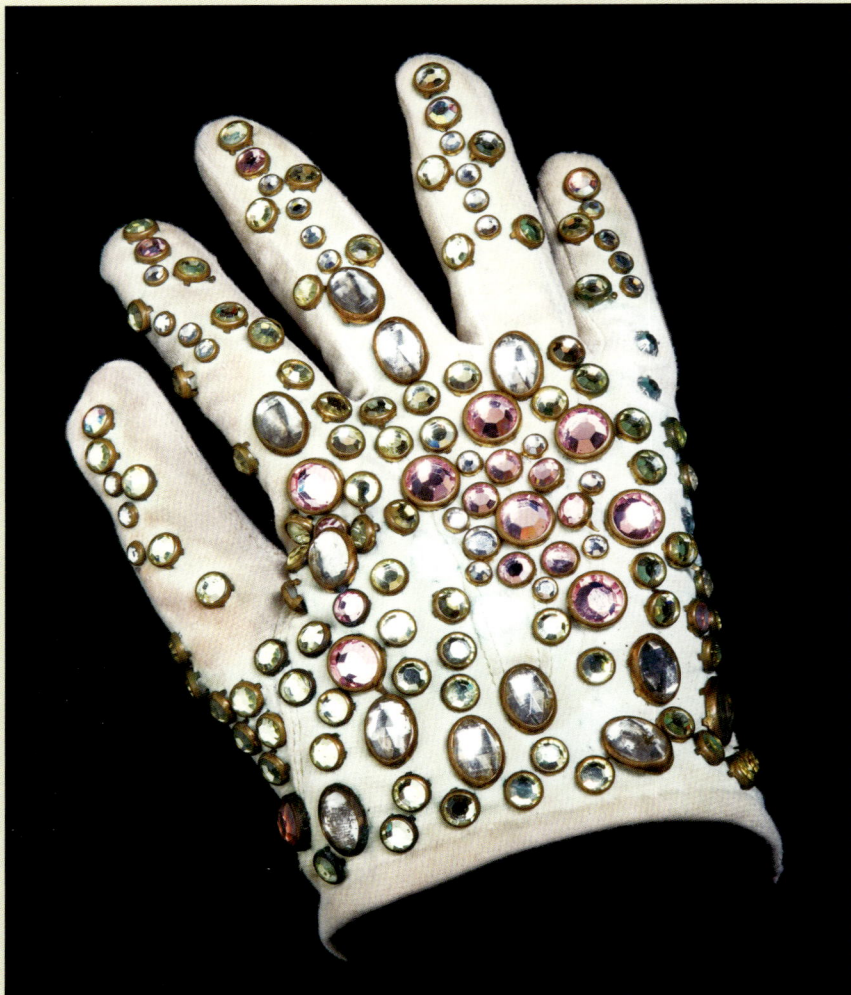

左图：大约20世纪60年代，在当时迈克尔的自制手套上面镶满了圆形水晶石装饰——12颗椭圆珠，19颗粉色圆珠，3颗天蓝色圆珠，24颗小圆珠，73颗淡黄色小圆珠，小拇指上还有3颗蒂芙尼蓝圆珠。
上图：1990年，迈克尔在这只手套上签名并赠送给我。

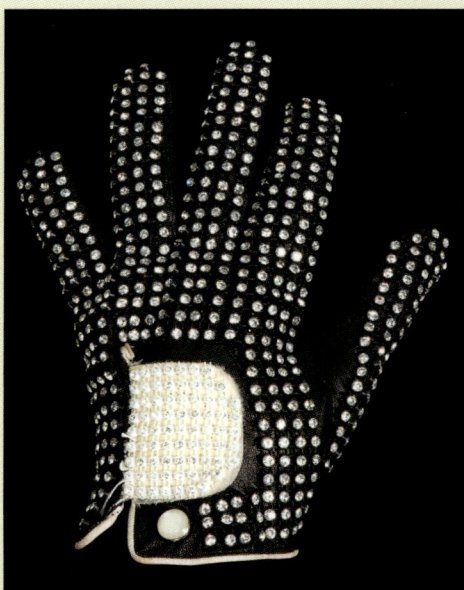

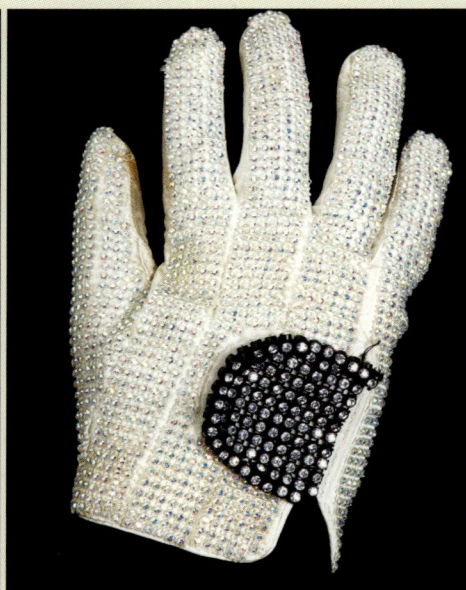

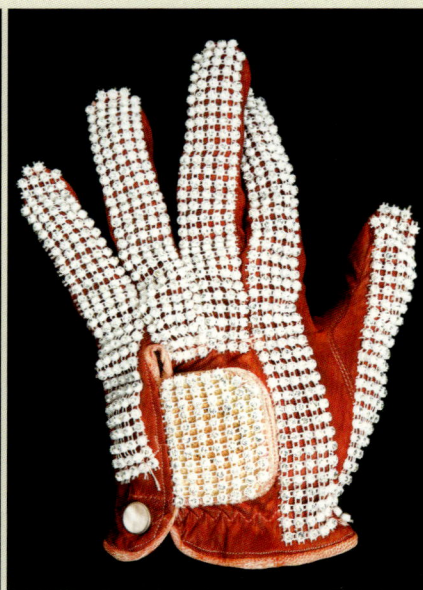

上图：20世纪70年代，迈克尔还和他的兄弟一起活动的时候就被称为"跳舞机器"，那时迈克尔在巡演时总会戴着一只黑色皮盾高尔夫手套，这款手套还有黑白色和红色皮革款。

对页图：在1983年摩城音乐25周年演唱会上，迈克尔这只镶满1619颗莱茵石的手套是整场表演无可争议的焦点，他的太空步也是在这场演唱会上首次表演。在这次前无古人的表演后，迈克尔考虑将这只手套保存为"比利·简"的专属手套。

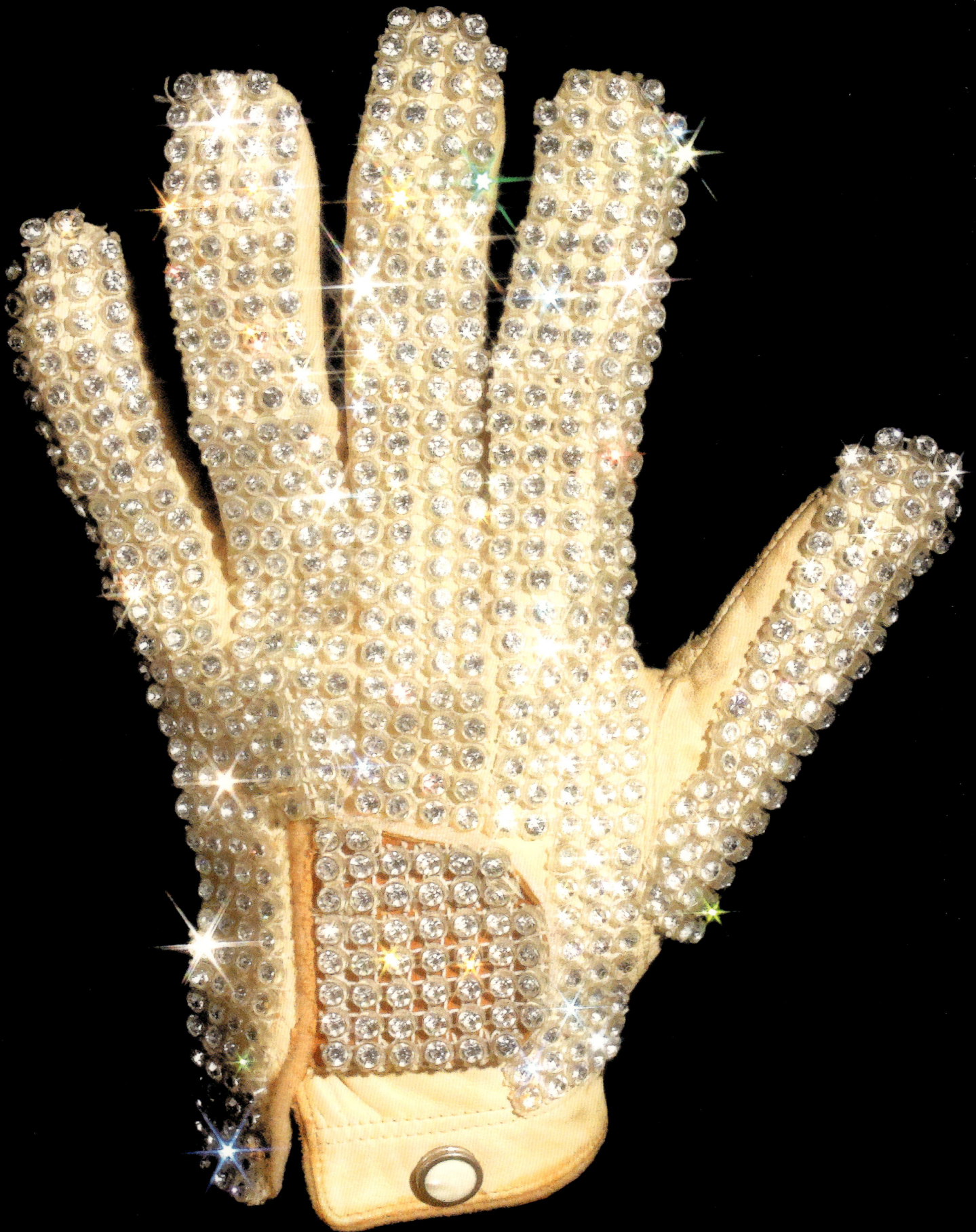

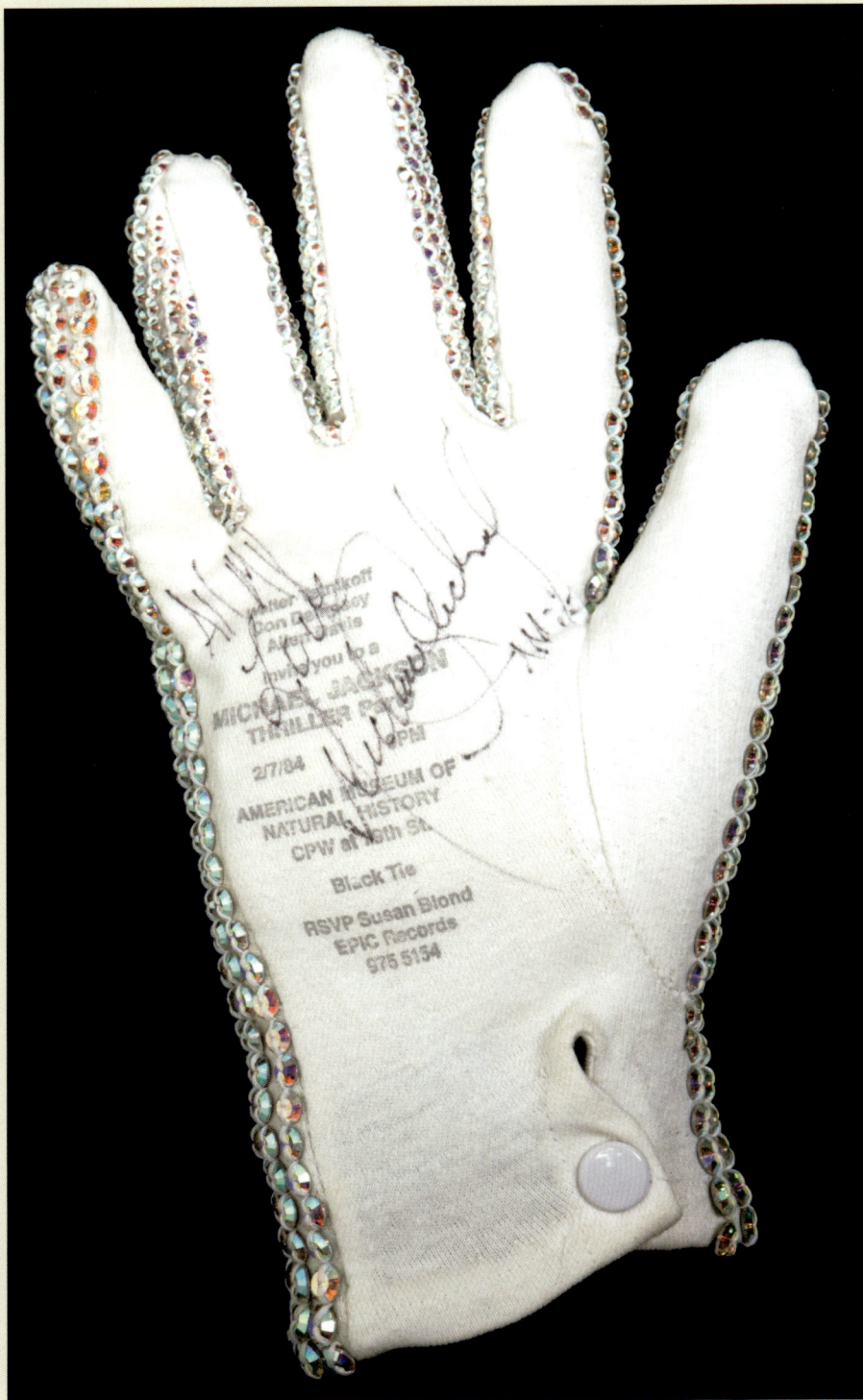

上图：1984年专辑《颤栗》（Thriller）发布会最终邀请函。每位受邀者都收到了这样一个手套，上面写着地址以及"敬请回复"。迈克尔用手套替代了传统的纸质邀请函。由于这个手套代表着《颤栗》——这张最受欢迎专辑的发行，因此被拍出过数千美元的价格。

上图及下图：平均每只比尔·怀顿奇幻手套（共九只）上镶了1100颗莱茵石，这九只手套都在20世纪80年代制成，迈克尔从来没穿戴过。另外关于这些手套值得一说的就是莱茵石尺寸（#8s），比迈克尔之前所戴手套上的莱茵石都要大许多。

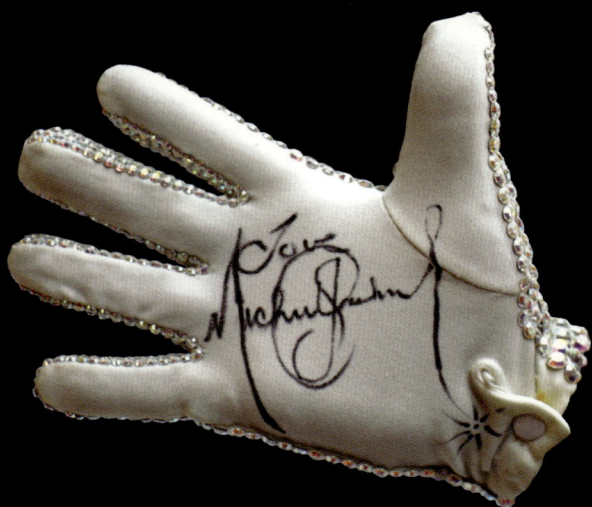

上图：1987年，我和丹尼斯接手这只手套，这也是我们第一次对它做功能性调整，如上图，这只手套让迈克尔能够在戴手套握住麦克风时不发出静电引起的噪声。

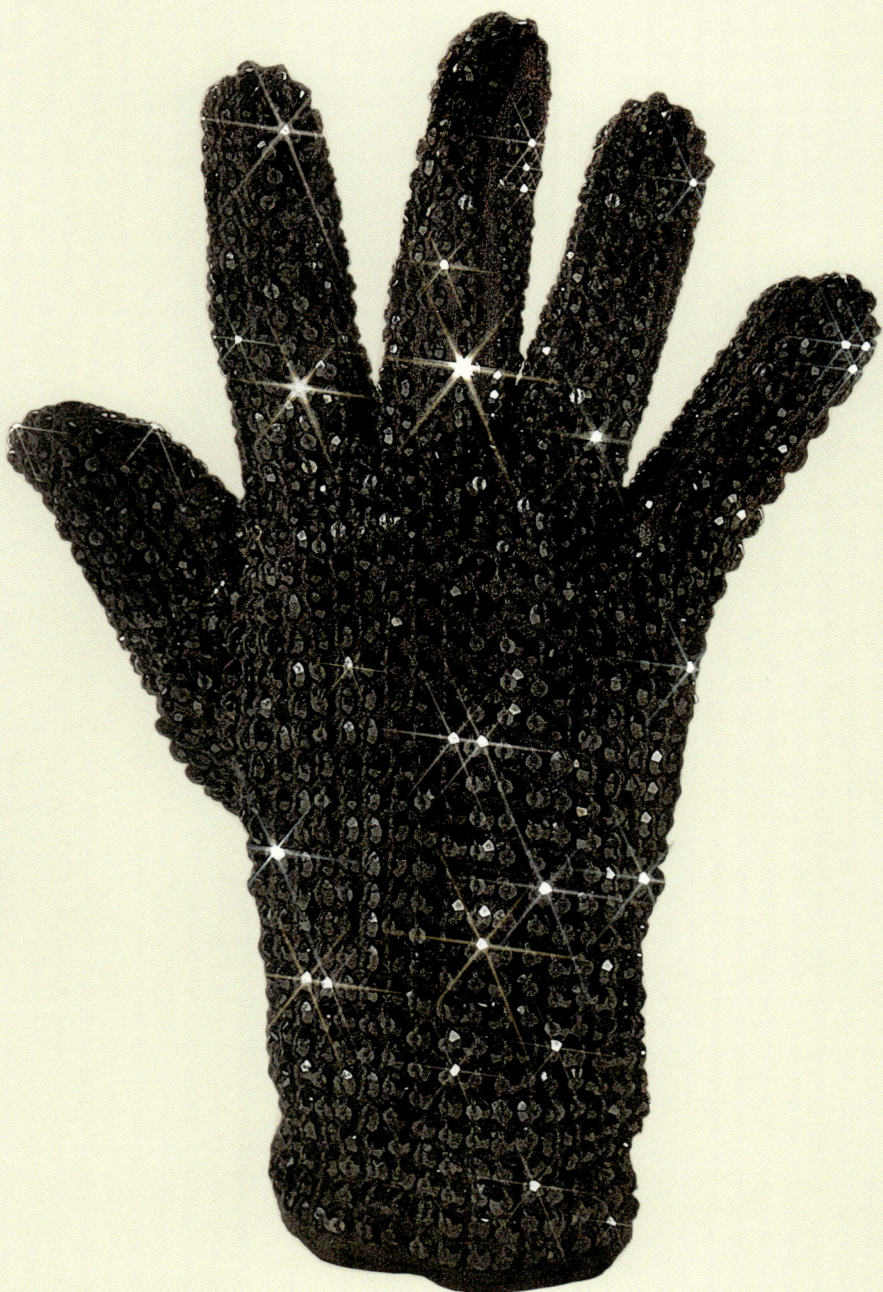

上图：黑色莱茵石手套，1994年西班牙布达佩斯，迈克尔曾佩戴它拍摄《历史之旅》（History）专辑宣传片。

一同测试，得出结论，当迈克尔用戴手套的手握麦克风时效果最好，自此之后他就再也没变过。

穿衣二分法

虽然迈克尔对搭配和造型有着自己独到的理解，也很有天赋，但迈克尔的所有着装只为一个目标服务：舞台表现力。迈克尔即使在某个寻常周日在好莱坞大道上散步也要好好打扮一番。因此可以说，在他眼中，每分每秒都要注重"表现力"。

在公众面前要穿上束腹带、银靴、腰带，任何一个这样穿的人在家里都想要脱去一切束缚。他的舞台装扮有多紧身、浮夸，他的私服就有多宽松，甚至看起来有点过于懒散。如果你告诉迈克尔："你可以卸下衣服了。"他肯定会立刻如释重负。这又是为迈克尔准备服装的另一个极端。

很少有什么事能让他这样开心，有些时候他把在录音室的日子称为"随意日"，一般是有人来找他会面，或者要录音，或者任何不用打扮的时候。这时候迈克尔会十分激动，就好像收到华特·迪士尼（Walt Disney）的晚宴邀请一般。

人们认为，迈克尔即使闲逛也会戴着他那闪闪发光的手套，但是他只有在台上表演时才会那样做。只要表演一结束，他立马就会甩开这些装饰品——这时候我就得追在他后面接住他甩开的任何东西。除了表演服装该出场的时候，迈克尔对这些衣服完全不感兴趣。

迈克尔讨厌试衣，这算是他最讨厌的东西了，他觉得试衣完全是浪费时间。他更愿意把时间花在有意义的事情上，比如做音乐，比如打磨自己的舞蹈动作，比如看《辛普森

一家》（*The Simpsons*）。

　　"我为什么要穿这个呀？"他会不耐烦，闹来闹去。"如果你现在意识清醒的话，那你就该穿。"他不喜欢别人一直拨弄、整理他的衣领、衣服夹层、肩线等。

　　当他不在表演时，他一定会穿"迈克尔套装"：灯芯绒衫（一般为红色），黑色棉布裤，加上一双平底便鞋。要问为什么，他会这样回答："布什，如果我衣柜里有整整五十件红色灯芯绒衫的话，我不必去想穿哪件，这也太浪费时间了。"

　　迈克尔特别喜欢玩耍，几乎是无时无刻、无处不在。"如果我衣柜里只有一件衣服能穿的话，"他说，"那你肯定不知道我前三天穿了哪件衣服，这件干净吗？这件脏吗？你绝对不知道……"他喜欢让人去猜测，因为这意味着人们注意到他。

打造品牌

迈克尔的服装设计要注重贴身和功能性，但是我们如何在这一基础上帮助迈克尔树立自己的风格呢？一般来说，为人设计舞台服装时我们会先问他："你最喜欢哪个历史时期？19~20世纪？文艺复兴时期？当代？17世纪？16世纪？"这能让我们知道该如何着手。迈克尔在欧洲巡演时期，只要有空他就会前往最近的城堡或者博物馆（与军事或者英国皇室有关）。我想这就是他对这个问题最好的答案了。

这个男人在外界看来可能迷雾重重，但对于我和丹尼斯来说，至少在服装上，他一点也不神秘。他偏好中国丝绸或者绸缎，如果某种面料弹性好的话，那最好不过了。氨纶面料的衣服在身上会让他觉得很丝滑，很有安全感，也能很好地配合舞蹈。我们会尽量避免图案，以免让观众注意到他的皮肤——白癜风，这是一种导致皮肤色素紊乱的病。我们尽量采用深色的珠宝色调，如宝石红、宝石蓝、祖母绿。每个配饰都要有不列颠文化特征。但是要让一套搭配保持新鲜感的秘诀就是要知道表演者有何备份——如果下次不是骑士或者君主风格，那会是什么呢？迈克尔的答案是"海盗"。

迈克尔喜欢亮闪闪的东西，在他的想象中，没有什么东西能比一箱刚被挖上来的宝藏更光彩夺目。因为这个原因，他最喜欢的动画人物是小叮当（Tinker Bell，迪士尼知名的卡通形象——叮当小仙女），只要她魔杖一挥，就会在空气中留下一串亮晶晶的魔法星尘。

"布什，这上面还得再撒一些魔法星尘。"

他经常会指着我以为已经完工的衣服这么说。又或者，他会给我打个电话，"布什，你在哪，帮我带一些星尘。"

"星尘"指的是水钻（又名莱茵石）。

有时候我会直接开车三小时到工厂取一些碎莱茵石，因为这种未加工的莱茵石更能让迈克尔欣喜异常。每次我打开包装软布时，迈克尔都会屏住呼吸，被莱茵石惊得往后撤，然后从我手中接过，取出一颗，指尖旋转，细细观赏，轻叹道："布什，看呐，看呐，多么闪亮！你看！"他好像一个孩子一般，不断轻叹："你能想象海盗打开珍宝箱，看见其中奇珍异宝闪闪发光的样子吗？这该是多么奇幻啊！要是能成为这样一个海盗，多么美妙啊！"虽然我和莱茵石打了一辈子交道，但是我从不能像他这样欣赏莱茵石。

对迈克尔来说，莱茵石的魔法永不过时，可能这种对细节、对生活中寻常小事的品鉴能力也是他魔法的一部分。他确实掌握着魔法，因为他对此深信不疑——星尘或是别的一切。

迈克尔的衣服就像一张等着我们"作画"的空白画布——作画过程就是在上面加上装饰性的细节。迈克尔酷爱能够抓住眼球的装饰品，这也让我们能够尝试一切可能的装饰品。为迈克尔的服饰添加装饰品，尤其是为他的夹克这样做，成为我们工作中最具挑战性的一部分，当然也正是这推动着我们技艺不断精湛，推动着迈克尔的个人风格日臻成熟。具体来说，其难点在于要充分考虑到已经尝试过的、还未尝试过的，还要保持不同元素的和谐平衡。

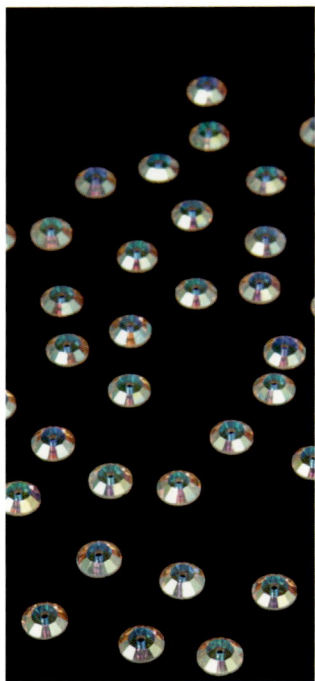

上图：施华洛世奇未固定的中孔莱茵石总能引起迈克尔的兴趣。
对页图：《血染舞池》（Blood on the Dance Floor）表演服前胸以及腕带处用了特殊的镭射面料，没有使用莱茵石，也能得到一样闪闪发光的效果。

迈克尔，营销高手

我和丹尼斯要时刻关注什么东西能引起迈克尔的注意，让他为之会心一笑。我们会去杂志摊，买下当月（或当周）出版的所有杂志，带回到他在威尔希尔廊道的西木公寓。只有迈克尔的亲信知道他在哪，并且所有的工作人员都必须签署保密协议，保证不会泄露迈克尔的行踪。

带回别墅后，我们就会坐在长绒地毯上和迈克尔一起，一页一页地翻杂志，迈克尔告诉我们，看到什么有意思的内容，就在页角写下一个"X"以作标记。

"你为什么在这一页停下来呢？"他有时候会问我们，那一页上可能是汽车广告、口红广告或者其他什么东西。这就是他教我们"读懂"他的方式，有点像苏格拉底一样，一问一答。这种提问题——寻找答案的对话模式让我们更能理解哪些能触动迈克尔。他向我们解释他对于媒体的理解：媒体要尝试去"控制"读者，而当我们的视线停止时，这就证明媒体的策略成功了。其实我

们反而很少将注意力放在服装广告上。我看到什么颜色会不自觉停下来？人眼在看到红色的时候会放大，因此迈克尔很喜欢红色。什么材质、什么外形会让我们注意到这则广告？我们将从广告中学到的营销技巧运用到服装设计中，这有助于我们跳出常规思维。

迈克尔很喜欢街头时尚。尽管自己穿的是私人定制款，但他希望自己的服装比起普通定制款有一个优势——反叛感。在迈克尔眼里，领带和方巾颜色相搭配是最糟糕的事，因为这意味着一个人没有自己的个性，没有艺术鉴赏力，对设计师或者杂志编辑的话言听计从。我们对所谓的"潮流"保持高度警惕——因为这是迈克尔希望我们避免的。"我希望他们都来模仿我，"在他翻看杂志的时候他会这样说，他对这有很强的执念，"我要在人群之中也能耀眼夺目。"

我们要知道**当下**正在发生什么，为此我们不断要求自己时刻考虑得更长远。我们会在跳蚤市场驻足，买下看到的所有东西——

对页图及上图：饱和度高的珠宝色调使夹克引人注目。

43

在试之前我们也不知道哪些能和衣服搭配效果更好。迈克尔对我们的训练让我们像艺术家一样，因为我们会边看边想：*我要把这个放在哪里呢？别人会把这个放哪里呢？人们看见了会提出疑问吗？人们会注意到吗？会留下印象吗？*

迈克尔觉得从时尚杂志中寻找灵感是比较掉价的行为，他认为时尚编辑总是在考虑人们应该穿什么，而他完全不想听从这些意见。时尚界的人们也经常提出请求为他设计服装，但他是这么说的："我不希望成为一个大公司的活广告。"

迈克尔十分重视他的独特性。1990年的某天，我接到了他的电话，"带上相机，去一趟伦敦。"当时他刚推出专辑《飙》，发展正如日中天。由于他一出门就会吸引歌迷追随，不便外出，于是迈克尔希望我们做他的

眼睛——去观察外界现在正在流行什么，媒体正在推荐什么。他认为一切出版在杂志上的东西都是过时的。"你们必须找到下一个潮流。"在他眼里，欧洲在文化、艺术、时尚方面是领先美国的，于是他选择伦敦作为我们"时尚复兴"之旅的始发站。

迈克尔待在洛杉矶，我和丹尼斯则在伦敦的街头巷尾和人们交谈，或是在杜松子酒吧，或是在朋克俱乐部，或是在烟雾缭绕的餐馆，我们一般很少去人们聚集的场所，就是为了避开游客和连锁餐馆，我们去较小众的场所，那里人们一般都喝得微醺——他们穿的衣服都是说不上名字的品牌。之后我们会去伦敦的地下场所，具有叛逆精神的人们聚集在那里尽情释放自我，让我们印象深刻。

"你认为什么是时尚？"我们会问他们，不分性别、年龄、身高或是体型。

"我们在等好莱坞推出什么造型呢。"一般他们会这么回答。

回酒店的时候，迈克尔迫不及待地给我们打电话，希望我们有收获些什么。"你们有什么发现吗？"

"我们觉得回好莱坞在后院走走可能更有发现。"我这样回答道，无比受挫。

"啊，这样吗，那好吧，那至少接下来好好玩玩，享受这段旅途吧，等你们回来，我们去梅尔罗斯（Melrose）看看（洛杉矶地名）。"

这不是迈克尔唯一犯错的时候，但他人确实很好。这让我想起了早在1998年，迈克尔希望我们为他做一件夹克，他的要求是衣服上有长条或块状的金属片，互相以不同的角度钩住，当然还要有警徽。

丹尼斯说："这不可能。"

"为什么？"迈克尔不愿相信"不能"或者"不可以"。

"人体是有曲线的，人每个部位都有曲线，没有直线，如果你要在衣服上放上坚硬的金属，还没有加工出曲线的话，绝对会凸出来，金属可不会随身体弯曲。"

这个解释确实很合理，但迈克尔仍然想试下。丹尼斯也还是照做了。当我们把成衣带到工作室给他试穿的时候，他当着我们俩的面穿上，看了看镜子里的自己。"你们确实是对的。"他脱下衣服，递给了我们。

自那之后，迈克尔再也没强迫我们做什么事。他只会打个电话给我们，说："我想要件衣服。"我们就按他的要求做好。我们赢得了他的信任，证明了自己的能力，迈克尔知道他想要什么效果，但不知道如何制作——这就得靠我们了。有些人喜欢他的衣服，有些人讨厌他的衣服。我认为迈克尔可能对那些讨厌者更感兴趣一点，至少他们注意到了。

从1990年后，迈克尔给我们的行程安排得满满当当，导致我们流失了其他客人的订单。很多朋友和同行都建议我们和迈克尔签署协议，让他签下我们作为他的独家设计师，

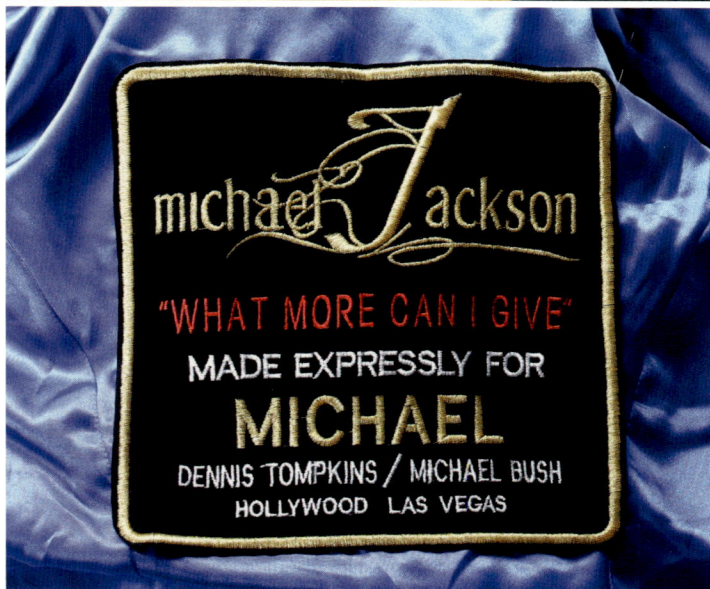

上图：迈克尔很讨厌各种标签，除了我们为他加上的。

但是那样做就又多了几分强制的意味，如果这是某种强迫性工作的话，那我们这种艺术上的合作关系也不会成立的。

上图：在《飙》巡演上，迈克尔、丹尼斯、我和他的一只猩猩宠物，他亲切地称为"墓地"，因为迈克尔有整夜不睡觉的习惯。

下图：这件棉布衬衣纽扣上有镀铬黄铜，迈克尔曾拉盖尔（LA Gear）广告拍摄中穿过这件衣服。

对页图：1997年2月15日，迈克尔穿着这件衣服参加了伊丽莎白·泰勒的65岁生日宴。这件衣服完全展示了他的个性。全衣由黑色德国天鹅绒制成，上面装饰浮雕般的莱茵石和金属贴花。左右衣领处有两顶莱茵石王冠，但真正的惊喜是蓝色的查米尤斯绸缎内衬——这是为了纪念普林斯·迈克尔·杰克逊三世（Prince Micheal Joseph Jackson Jr.）出生。

上图：这件外套是迈克尔自己设计的，但他着实很讨厌这件衣服——他让我穿上这件衣服拍照。当时我和迈克尔尺码相似，这着实让我们设计衣服方便了许多，我能够试穿衣服，保证贴身和功能性。

47

迈克尔·杰克逊服装的七大样板

在我们把基本风格——军装风和英国王室风确定之后，为迈克尔设计服装就更像把我们脑海里的概念确定下来，我们不太用去在意设计和剪裁。除了少数几个例外以外，可以说纵观这为迈克尔设计服装的25年，大多数服装都是同样的7个模板为基础：一条休闲裤（"比利·简"箱形褶裥裤裤型/20世纪40年代风格），一条李维斯501舞蹈裤，一件军装短夹克（按照迈克尔腰围剪裁），一件西装外套，一件宽松夹克［出现于《避开》（*Beat It*）、《颤栗》（*Thriller*）、《比利·简》（*Billie Jean*）中］，一件表演衬衫［"卖弄风情的戴安娜"（*Dirty Diana*），《一起来》（*Come Together*）风格］，还有一件日常衬衫（红色灯芯绒）。1985年丹尼斯曾仔细量过迈克尔的尺寸，我们在服装样板纸上剪出模板后，就拿来套用了。事实上在那之后我们再也没有量过尺寸，主要是因为迈克尔讨厌试衣，这让我们三个人都节省了不少时间。如果不是迈克尔的穿着理念和身材一直变化不大，我们也不能每次都在如此短的时间内就做出他想要的成衣。

一般来说，我们为迈克尔设计服装的准备时间少于四星期。大多数时间他在给我们指令事前都会说同一句开场白："时间虽然很紧，*但是布什，我需要……*"

我们一般都不敢很快接下任务，会先出门思考一会儿，这时迈克尔就会从我们身后走出来，低声说："我知道你一定能做到的。"

迈克尔是世上最多产、最成功的艺术家，他相信我能做到！——迈克尔就是有这种让人为他工作、并且把事做好的魔力，尤其是那些看起来不可能的任务。他很擅长针对某个任务雇用合适的人选，可能是因为他估量人的潜力超乎寻常的准，也能激发人发挥出最佳状态。通常我和丹尼斯会通宵达旦地赶工，以确保按时交付，我们确信自己能做到——这种信任是基于迈克尔对我们的信任。

如果有人对迈克尔说"不"，那迈克尔通常会远离这个人。我和丹尼斯在为迈克尔设计服装的时候永远不会说"不"。

腰围：28	胸围：36
袖长：34.5	裤腿内侧长：32

（单位：英寸，1英寸=2.54cm）

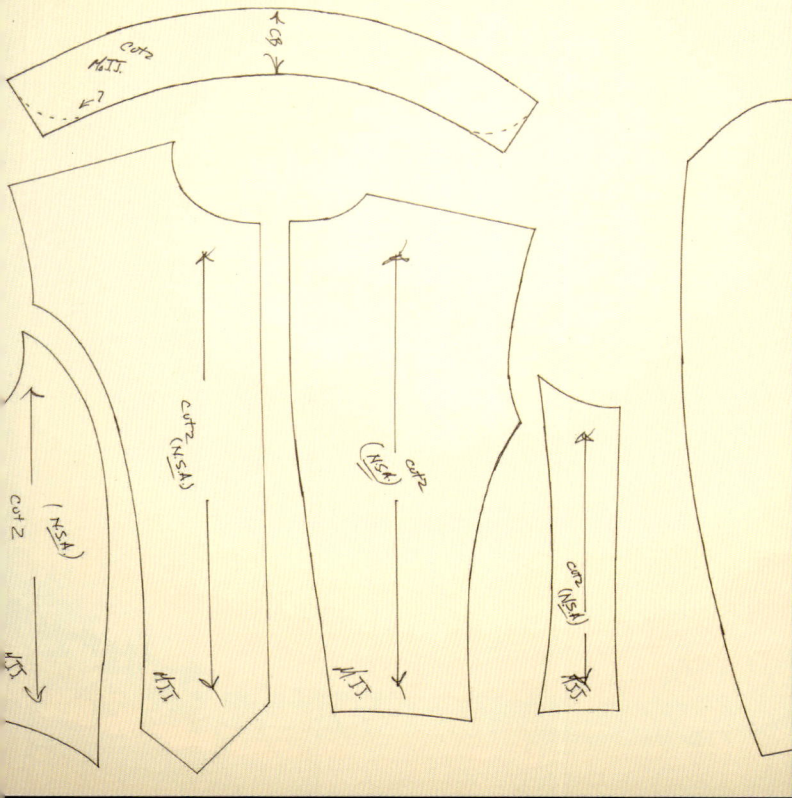

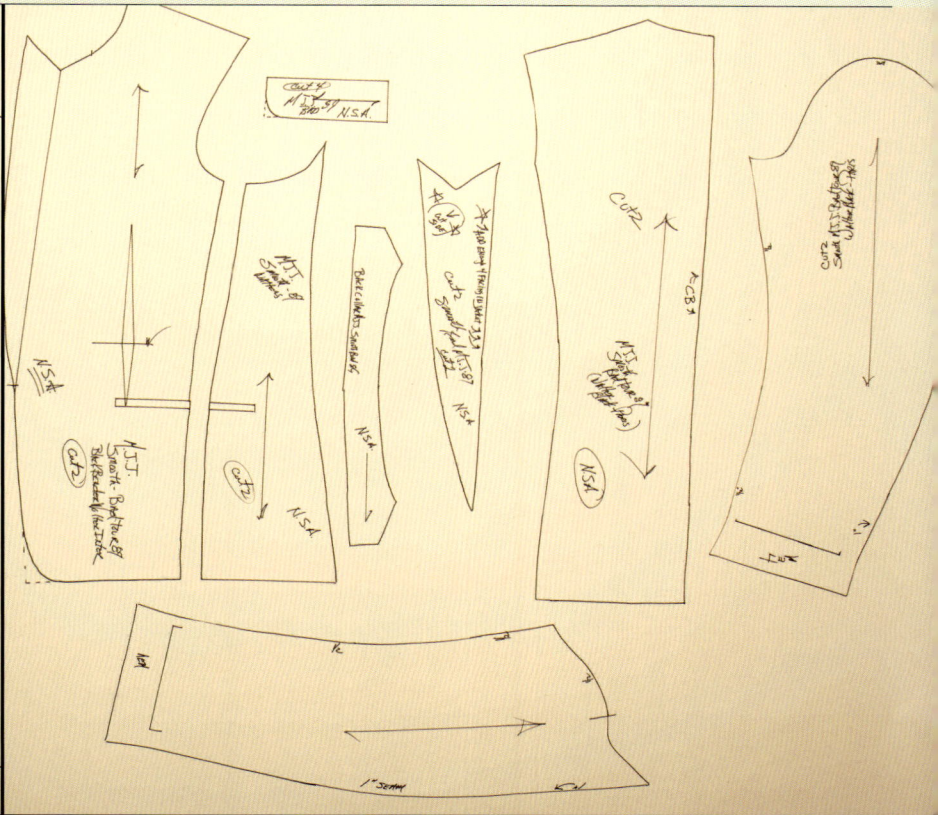

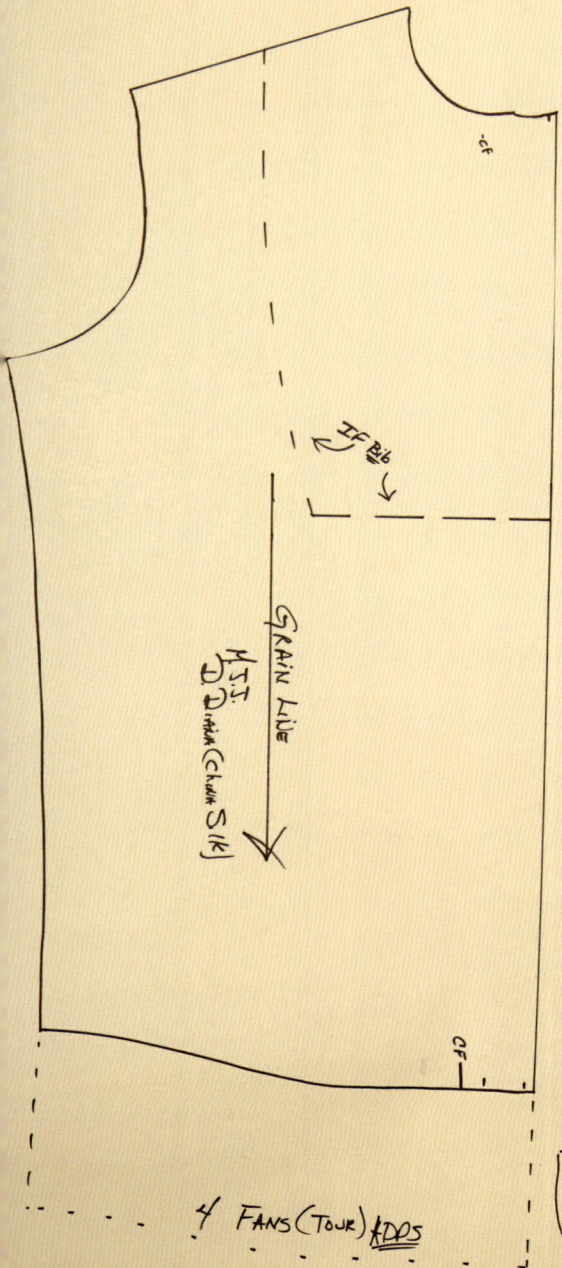

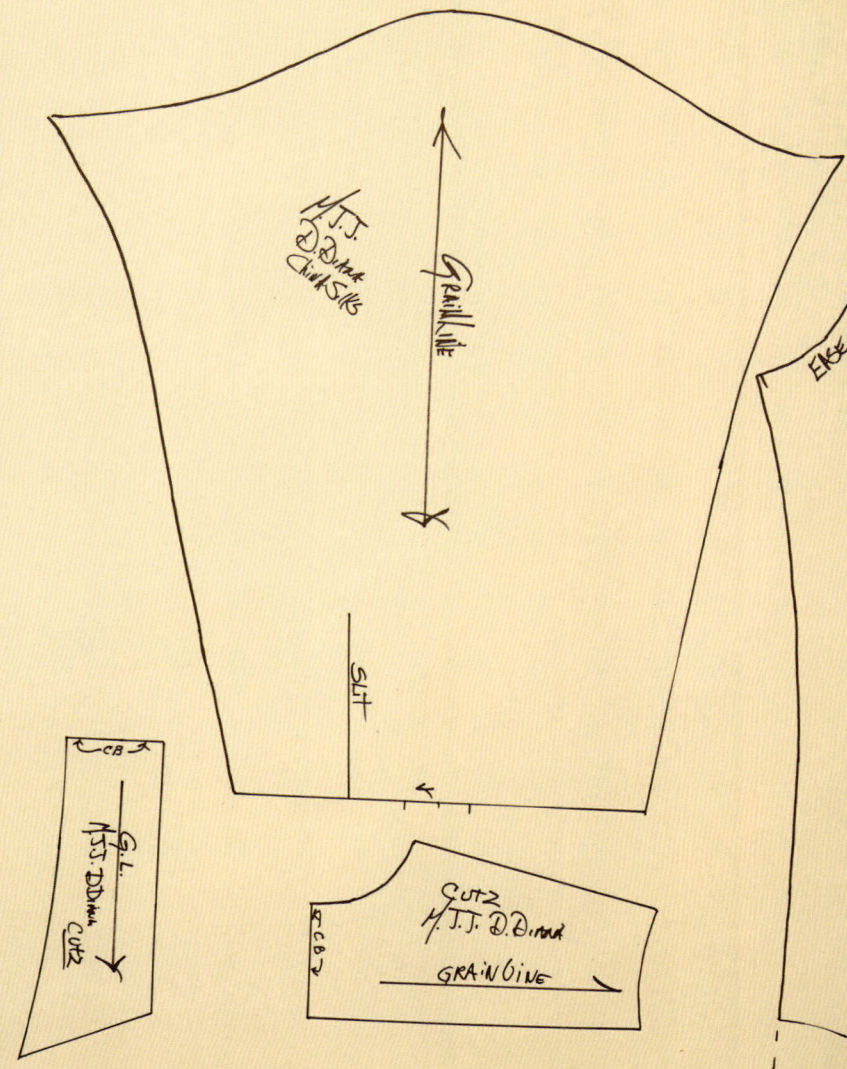

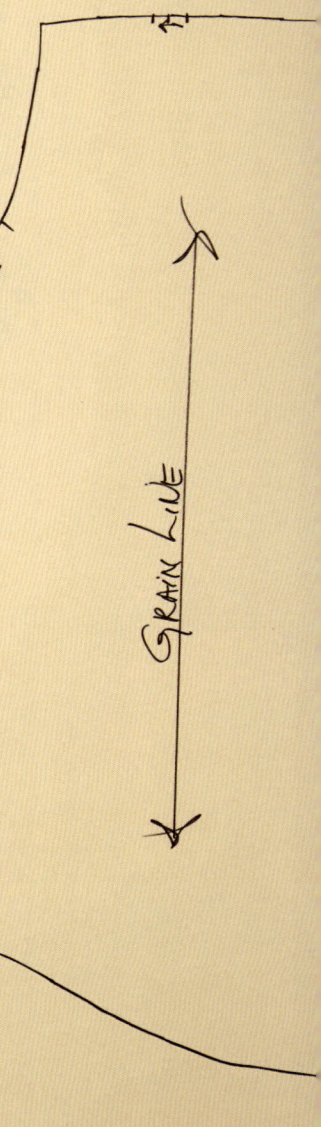

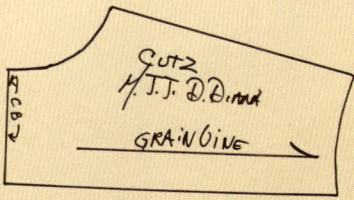

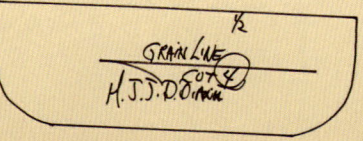

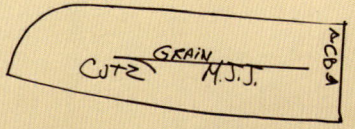

4 FANS (TOUR) ADDS

4 FANS (TOUR) ADDS

第三章

迈克尔魔法
蕴含的信息

迈克尔·杰克逊是舞台上的魔术师，他兴致高昂、标志性的舞步更是能让观众浑身颤栗，激动不已。他的表演总领先别人许多。"还有什么没做到的吗？我还有什么没试过的吗？他们认为哪些不能做到呢？有什么能让观众惊叹我到底是不是人类的呢？"——他的脑子里每天就只想着这些，而"在舞台上表演魔法"成为这一切问题的答案，也只有他一个人这么尝试了。其他人也许会唱会跳，但迈克尔知道观众真正想看的其实是"魔法"，他们想要见证不可能之事。一直以来，引领迈克尔的正是他不断突破自我的决心以及让观众永不忘却的追求。他无法停下来——一个真正的艺术家是没有"灵感开关"的，他只有一个模式：表演时间！

迈克尔·杰克逊思考的事情总是在你我意料之外，有时候甚至到了令人害怕的程度；和这样一个天才共事意味着我永远猜不到下一个是什么——至少在半夜铃响之前。

"布什，如果我的"颤栗"外套能够发光，那就真是太酷了！"

"布什，我希望在表演中途在全场观众眼前消失。"

"布什，我希望穿一双纯银的鞋子——毕竟从来没人穿过金属鞋子。"

"布什，我想在台上飞起来，我知道你能行。"

我不是特效师，但我得像特效师一样去思考，毕竟我设计的服装总是要配合各种各样的特效。有些时候我都怀疑他会不会要求我们把他发射到月球去。这种无边无际的想象力也是他魔法的一部分。而迈克尔的魔法，就像他本人一样，虽然让人吃惊，却不至于觉得完全不可能。毕竟他总是在看起来很平平无奇的日常物品中发现亮点——这

些东西每个人都有，你不必非得是个流行偶像，如鞋子、袜子、手套、帽子等。可能迈克尔自身的成长历程是他不相信"不可能"的原因。试想，一个印第安纳州加里市出生的孩子，在家里九个小孩排第七的孩子，穿着廉价鞋学跳舞的孩子，都能走到今天这一步，那确实一切皆有可能。

魔法第一步：富乐绅鞋

人们总是想让我换掉迈克尔的鞋子。"他应该穿时装周或名牌款鞋。"他们是这么说的，我也经常听到这样的言论，但是乱换迈克尔的富乐绅鞋可能直接终结我的职业生涯，我也是亲身经历才知道这一点的。

我是在迈克尔1987年在日本举办《飙》巡演时加入他的团队的，那时我还是一个刚入行的菜鸟。但我知道我的工作内容：我要负责服装的贴身度、功能性，还要负责服装保养。在表演结束后，我要手洗并吹干丝绸衬衣、莱茵

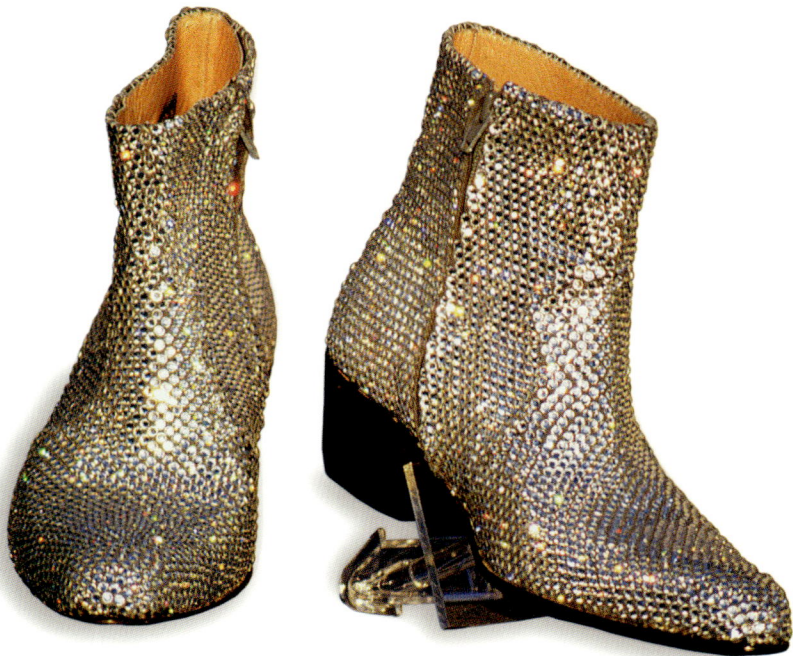

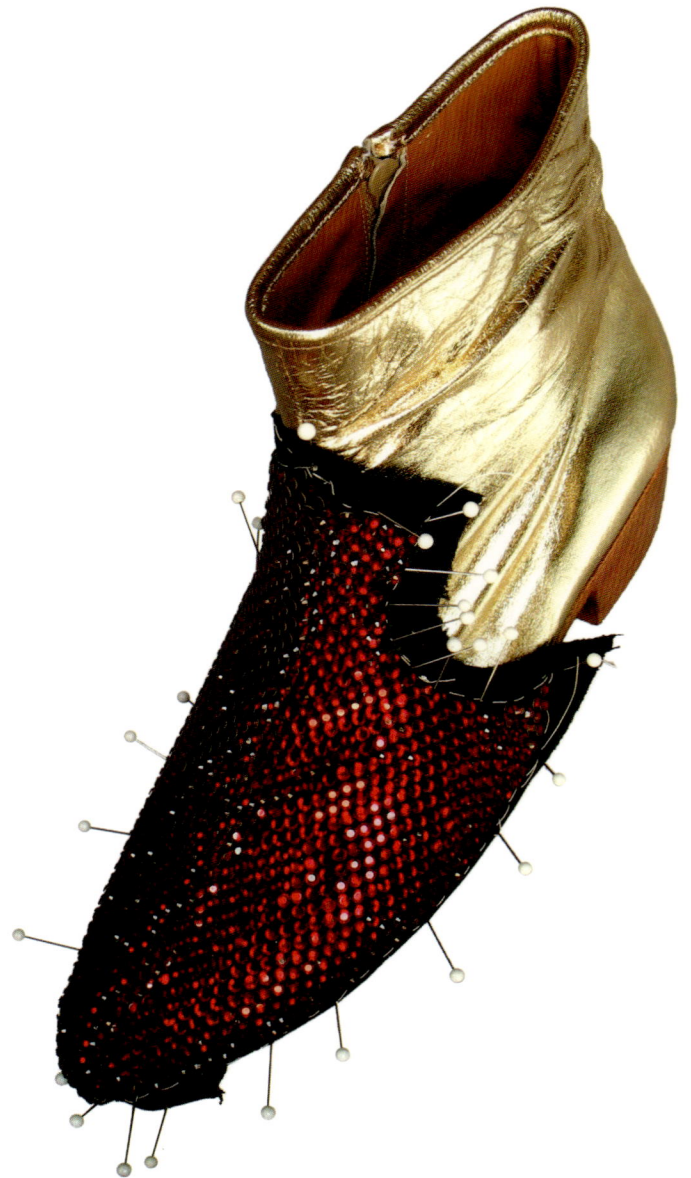

左上图：这双9.5码的舞鞋已经穿得十分破旧了，迈克尔从《飙》巡演开始就穿这双鞋。在鞋面左右两侧各有一条橡皮筋，方便迈克尔做出踢跳动作。

右上图：迈克尔为表演太空步特制的第一双舞鞋。

上图：当处于"表演时间"时，迈克尔就不会再穿松散的鞋了，相反，这双鞋是一双镶满莱茵石的披头士鞋。

右图：要将这双贴满红宝石的鞋子制作出来，需要十分复杂的工艺。

上图：1987年《飙》巡演时，我的房间里都是迈克尔的衣服。

石袜。我会用外用酒精擦拭金属腰带、搭扣等以及各种各样我们放在他衣服上闪闪发光的小配件，我还要负责缝补一些破损衣物。同时，出于衣物管理的角度，我还要负责擦亮一些起皱的、看起来稍显破旧的富乐绅鞋——我觉得至少这是我能做的事情，毕竟作为一个天王巨星（或者从我的角度说，我的老板）让人看到脚上的鞋子脏兮兮的总是不好的。

迈克尔有次偶然看见我坐在酒店房间里擦他的鞋，就好像纽约中央地铁站的擦鞋人一样。

"不要！不要动我的鞋！"我听出他语气里的愤怒与混乱，一下子噤声了，不知道说什么好。"不要，不要擦我的鞋。"他又再重复了一遍。他很生气，我从没见过这样的迈克尔，吓得我不敢动。他说话从来不会抬高声调，但他愤怒的手势，还有缓慢吐词的语气，表明他是认真的。每当迈克尔对于他表演生涯中的什么东西真的感到气愤的时候，他都会收起平时嬉皮笑脸的样子，就好像家长在给犯错的小孩解释他错在哪了——只告诉小孩不能玩火和告诉小孩玩火可能会被烧是不一样的。迈克尔希望我从这次错误里学到什么，于是他说："我就是希望这双皮鞋磨损，如果擦得太光滑，反而有可能脱落，如果我在表演的时候摔倒或者膝盖受损，不只是你，我也得改行了。"

迈克尔还没学会走路的时候就懂得感受节拍了，他告诉我，他的母亲凯瑟琳（Katherine）记得他小时候就会不自主地模仿洗衣机振动的频率。迈克尔从小学舞蹈穿的就是富乐绅鞋，他甚至不敢穿别的鞋子跳舞，他会失去舞蹈的魔力。"我小时候家里只买得起富乐绅，我也是穿这个鞋子学跳舞的。"他接着说道，"对我的衣服做什么都可以，但记住别动我的鞋，这些是我的舞鞋，我爱我的鞋，好了，你先出去吧，让我静静。"

实际上我也碰过他的鞋子，就是在刚拿出一双全新的富乐绅的时候。这时候我会用刀片刮掉那些没磨损的皮革鞋底，尤其是在脚趾部位。我还会用一种更为光滑的舞蹈专用皮革换掉橡胶鞋底（因为橡胶材质地面摩擦力较强）。要完成太空步的话，必须减少对地面的附着摩擦力。

在1985年《伊奥船长》的拍摄过程当中，迈克尔必须要身穿宇航服表演，他的富乐绅鞋显然就不太合适了。锐步（Reebok）高帮鞋更适合这套服装，但迈克尔仍然不愿意这样做，为此，他还特地用锯子把锐步的鞋底锯下来粘在富乐绅鞋上。

让迈克尔穿一双新鞋跳舞或者乱摸他早已"打磨"到合适程度的鞋，就好像叫一名本垒打球手换球棒或者是让一名接球手换全新的接球手套。鞋子每一处磨损都神圣无

比，也揭开了迈克尔的另一个谜题。他能穿上18K的黄金护腿，也能用奥地利透明莱茵石点缀自己的家具，但绝不会穿上所谓的设计师款鞋——这种鞋子不能跳太空步，不能跳踢踏舞，不能用脚尖站立，更不能像玩具陀螺一样飞快地连续转9圈，富乐绅鞋都能做到，还能做到更多舞蹈动作。每次跟随迈克尔巡演，我都会带两双破损的富乐绅鞋，为了防止丢失，我甚至要把一双鞋压在枕下才睡得着。

缝饰袜子

迈克尔十分喜爱他的白袜，主要有以下三个原因：（1）除了他以外没人会黑鞋配白袜，除非那个人还活在20世纪40年代；（2）他的袜子上也有一些莱茵石、亮粉；（3）白色袜子更能让他的脚步动作成为焦点。

1988年，格莱美颁奖典礼在纽约无线电城音乐厅（Radio City Music Hall）举办，在准备过程中，迈克尔观察他的排练录像带发现，他的黑色舞鞋和黑色舞台地板融为一体，看不清舞步。

他的白色袜子就是解决方案：穿一双白色袜子，舞台灯光会追着袜子。迈克尔知道人的目光会追向灯光，当然这也是他喜欢莱茵石和各种小亮片的原因，他喜欢这些能反光、营造梦幻效果的小东西。只要观众的视线能聚焦在他的脚上，那他们就能体会到他神奇的舞步。在我们巡演时，迈克尔更是会小心翼翼地确保这一点——他甚至会要求建一个灰色的舞台，防止颜色混为一体，看不清脚步动作。

单纯的白袜还不够，迈克尔需要他的袜子不同寻常。他的条纹袜就兼具功能和娱乐性。

他在摩城25周年庆典上首次表演太空步穿的那双袜子就是贴了莱茵石的。在我们为迈克尔工作之前，他会因为袜子的问题导致脚部摩擦出血。因此，我们需要为他缝制一双新袜子，在脚踝以上加摩擦条，防止因为重力问题袜子滑落。相比亮片，我们会选择莱茵石，因为莱茵石有切割面，能更好地反射灯光。

一般来说，每只袜子上我们会画出18~24排条粘贴线（每排线上有114颗莱茵石），必须排列紧密。其他人可能只是随意将莱茵石粘贴上去，制造出贴满莱茵石的假象。但迈克尔不会这样做，他事事要求完美。如果其他人往东，他偏要往西。我们前往迈克尔的录音室，与他一起核对我们设计的草图，他把硬币一列列排起来，互相紧贴，对我们说："看到了吗，布什，我希望袜子上的莱茵石要这样排列，紧密贴合。"

事实证明他是对的。最终，我们制造出了终极版"比利·简"袜，总重量约2.5磅（1.13千克），成本数千美元。每次表演过后这双袜子都需要修复，因为迈克尔可能不经意间把上面的莱茵石撒向狂热歌迷了。

让人们关注他的脚步动作是他施展魔法的一部分，灯光也会协助这位魔术师，帮助人们聚焦他想让人看到的，避开他不想让人看到的。迈克尔的观众越多，他越注重他们是否注意到他的脚步。场馆最后一排的观众能看到我的脚吗？如果白袜子也不能吸引注意力，还有什么方法呢？我如何才能充分利用灯光进行表演呢？另外，如果精心准备了太空步那样的精彩绝伦的表演，如何将它全球首演呢？这时候就该改造一下裤子吧！

对页图：为了纪念迈克尔，我们把他的经典舞姿做成一座青铜雕塑，就放在我的办公室。

我们采用的原材料就是商店买到的运动袜，沿后中线剪开、铺平。顺着袜子罗纹，将方形北极光色的莱茵石一颗颗地用手工缝到袜子上，每颗莱茵石都缝四针，以保证牢固。罗纹点缀后再把袜子缝回原状。最后一步是在袜口加上橡皮筋，让袜子固定于脚踝上，不至于因为自身重量而滑落。

从"Floods"裤型到"501"裤型——迈克尔的裤子

迈克尔的帽子和短裤总让人感觉像是从20世纪40年代穿越来风度翩翩的老绅士，这很快成为他的标志，自1983年表演太空步之后，这也成为《比利·简》专辑的标志。迈克尔的智慧就在于他知道成败在于细节。太空步确实很震撼人心，但如果他的裤腿遮住了鞋子的话，那就无法看出效果了。

迈克尔对细节的把控不止于此，"比利·简"造型中，他戴的那顶宽边帽也预示着将来还会有更多帽子，包括他在《犯罪高手》造型中戴的标志性白帽。这些帽子不仅极具观赏性，同时也有其独特功能：戴上帽子后迈克尔看起来高了几英寸，这些帽子是很重要的舞蹈道具，让他在不穿军装夹克的时候仍然保持得体。

随着迈克尔的团队越发壮大，他的裤腿也越来越短。当我们成为他的独家设计师后，我们给"比利·简"裤加上了内衬，这本来是一条经典的双箱形褶裥棉布裤，两侧各有一个口袋，我们在口袋里加上了额外的面料。这样在他跳舞的时候，迈克尔可以把手放进口袋里，搜住面料就能上拉裤腿，让观众看向他想让观众注意的地方——一般来说，就是他变幻莫测的脚步动作。通过把额外的面料加在本来没有面料的地方，我们帮助迈克尔又获得了一项新的超能力：让观众以为他没碰裤子却把裤子提起来了。多神奇！他的衣服也能一起跳舞，能发光，仿佛在和他一起表演。

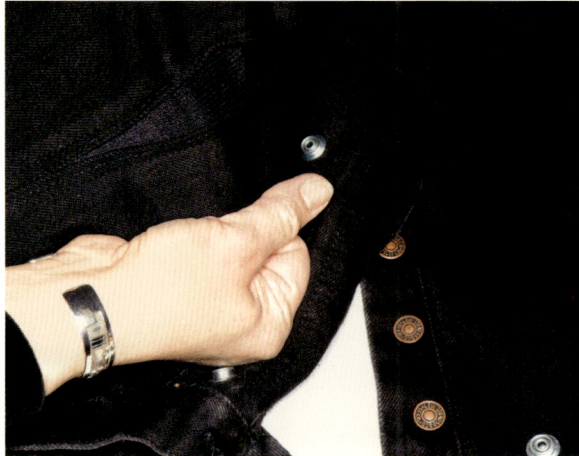

顶部图：迈克尔的帽子内侧用1.5英寸（3.8cm）的黑色细线补缝，形成一个光滑的边缘，即使在跳舞时也能使帽檐保持现状。

中部图：在老式、僵硬的牛仔裤内缝处加上1.5英寸（3.8cm）宽的氯纶布条，立刻变成迈克尔的定制舞蹈裤。

下图：一条可拆卸的镭射织物带就能够让一条裤子呈现出两种造型。这条黑色的魔术贴让这条裤子看起来好像晚礼服裤一般。

59

上图：令人意想不到的"卖弄风情的戴安娜"套装。

我们所创造的另一个视觉效果是迈克尔的身高，迈克尔本人5英尺10英寸（1.78m），但是我们让他的身材看起来比这更高。人体上最长的线是从腰部到地板，而腿又占了身高的大多数，因此为了让迈克尔看起来更高，我们在他的裤腿上加了一条细条纹，从腰部一直到裤脚口。这样的设计创造了奇迹，当迈克尔在舞台上表演时，条纹闪闪发光。

另一个例子创造视觉效果的是关于中国丝绸。那是在拍摄《卖弄风情的戴安娜》电影短片期间。迈克尔本来要穿一件黑色皮夹克拍摄的，但是他穿上之后却停了下，说："等一下，我面前有好多鼓风机对着我狂吹，这件衣服应该应付不了那么大的风，必须脱下来才能做好动作。"

我看到那件夹克会打乱他的节奏——迎面吹来的风营造的氛围不该是这样的，这件夹克确实没有很好地配合他的表演。在休息的时候，我们跑到剪裁师那里讨论，迈克尔突然说："布什，我感觉你的衬衣在对我招手。"

我懂了他的意思，立刻脱下我身上这件衬衣。这本来是丹尼斯新为我做的，但现在迈克尔穿上了，看起来他很喜欢这件衣服，对着穿衣镜不停地看。第二次拍摄的时候，鼓风机吹动着那件法国薄纱衬衣围绕着迈克尔不断飞舞，似乎这件衣服也成为身体的一部分，不断舞动着。所以，迈克尔在《卖弄风情的戴安娜》短片中穿着的那件衣服原本是穿在我身上的。

这件薄纱衬衫成为这首歌的标志，这也意味着在巡演的时候我们也要保留这个造型。但这可不简单，法国薄纱精致、脆弱，不方便携带。因此，我必须要找一种看起来相似但更耐用的织物——中国丝绸就是我找到的替代品，这种材料能像薄纱一样灵动，而且更方便折叠和清洗。

迈克尔不挥舞魔杖，而是灵活运用自己的手和脚。他的舞蹈动作非常夸张，这个时候他的手和脚就像道具一样，让他原本很标准的120磅（约55公斤）的身体看起来好像远不止于此，能做到一些看起来不能完成的动作，加强视觉效果。当你看他的舞蹈时，我打赌你肯定会看两个地方：他的双脚和他追逐灯光的手。

作为迈克尔的设计师，我们的任务就是留意对他重要的事物，协助迈克尔完美完成他的

对页图：迈克尔戴过许多帽子。（由上至下）12岁的迈克尔1969年12月最早登上电视节目《艾德·沙利文秀（Ed Sullian Show）》所戴的帽子，那时他还以杰克逊五人组的名义活动，"颤栗"面具，铬金属头盔，白色"犯罪高手"宽边帽，当迈克尔想以私人身份外出时会戴的蓝色头巾，黑色的"比利·简"帽。

上图：原本要用于拍摄《卖弄风情的戴安娜》的夹克从来没用过。
下图：对于大多数名人来说，送歌迷最好的礼物是一张8英寸×10英寸的亲笔签名照，但迈克尔送歌迷的礼物却是他亲笔签名的黑色软呢帽。

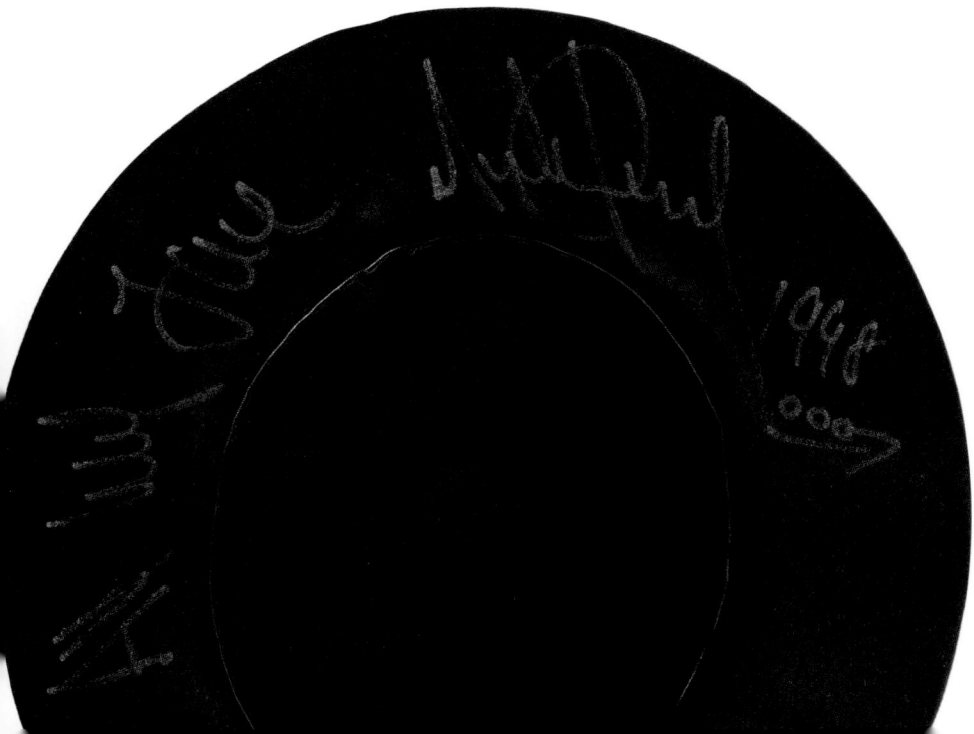

魔法。例如，追逐灯光或者让他的身形看起来更高大。如果说迈克尔挥舞的是魔杖，那我们只能动动手头上的针线，有时候还会用钢锯和喷灯——如果必须要用到的话。

迈克尔能够完成常人做不到的动作，这是因为他的所有衣服都是特殊定制的。在跳舞的时候，他的垫肩不会打到脸，他的牛仔裤不会卷到膝盖上。种种细节加在一起，让迈克尔能轻松完成完美无瑕的表演。除了他自身的舞蹈功底是魔法外，让服装不拖后腿也是很重要的。

迈克尔的另一条裤子样本是黑色的李维斯501，穿上这条裤子，能让他和歌迷产生某种共鸣——"我也穿李维斯！"在他的想象中，当歌迷看到踢高腿动作会目瞪口呆，同时心里暗自疑惑，"我怎么做不出这些动作呢？"只有少数几个人知道，迈克尔为了让我和丹尼斯对李维斯501进行修改，花了数千美元。

学会用手指说话

迈克尔很喜欢用手指来指去。他的手指很长，我们称其为"外星人的手指"。当他对镜练习舞蹈的时候（所有舞者都如此），他就会练习如何看起来最高，最好像雕塑那样健美。

迈克尔近半数的舞蹈动作需要用到手指。在表演《犯罪高手》时，由于手套不太契合主题，我们还要为迈克尔发明一些小道具，帮助他把观众视线吸引到他头上和身体周围的手部线条动作。1987年拍摄《犯罪高手》电影短片时，我们在他的手指上缠上白色胶布，以更好地吸引目光。迈克尔很喜欢这个主意，因为我们让胶布很有用，而他让这更有趣。

我慢慢把他的手指缠起来，就好像他要去打拳击一般。就在我缠到第四根手指的时候，迈克尔喊停了。

"四根手指太多了，看起来就很普通。"

所以，最后只有食指、无名指和小指被缠上了白色胶布，看起来很奇怪。但这正是迈克尔想要的，他希望人们看到心里会疑惑，"为什么偏偏是这三根手指呢？"

本页左图：1992年，洛杉矶华斯克巨岩，《黑与白》短片拍摄现场，我手拿着一卷医用胶带跟在迈克尔身后，因为胶带脏了就要换。本页右图：迈克尔曾身穿这条黑色皮裤做客《阿瑟尼奥·豪尔秀》（The Arsenio Hall Show），原定也要穿这条裤子参加全美音乐大奖但没穿。不过这条裤子内缝始终都加了氨纶，就是为了以防万一。

于是，在迈克尔跳舞的时候，没缠上白胶布的大拇指和中指就会无意地接触，所有人都很不解，"为什么他这样做？这是某种信号吗？有什么意义呢？"迈克尔很喜欢让他的歌迷不断地去思考、发现、探寻他的每一个小动作。当他们对他手指上的白胶布百思不得其解时，他不想让他们因为更好地利用灯光或看起来更高的视觉效果这样很无趣的理由而失望。多年以来，我们发现，只要迈克尔的某个穿着问题没有第一时间得到解答的话，人们自己会找到一个答案——任何答案——来解释这个问题。关于白胶布有个都市传说——迈克尔喜欢咬手指甲，缠上胶布就是为了防止他在镜头前咬指甲，那太破坏他的形象了。迈克尔喜欢人们质疑、注意并探索其中的创意。

让迈克尔看起来更显高大是整个舞台魔法很重要的一环——使身躯更宏伟的视觉效果。为了达到这一目标，我们会运用大量的硬质面料打造出硬朗线条。在外套方面，夹克胸前的线条让他人看起来昂首挺胸，更挺阔；两肩各加有垫肩加宽肩膀。迈克尔还有很多手臂抬高的动作，让观众的视线不自觉抬高；还有加手套、手指缠白胶布以及戴高帽等手段吸引目光。所有装备集齐，迈克尔看起来瞬间就高大了许多，人们绝对猜不到他居然只有1.78米。

他的裤子往往都十分贴身（虽然那是李维斯501），因此他的短至腰部的夹克会显得有点短。看起来气场十足的军装外套下面，其实还藏有迈克尔充满反差的一面：一件白色T恤，一般在脖子处会特意剪开一些。这是对充满控制力的军装外套的一次反叛，为他加上了一点街头气质。用剪刀剪开T恤，这也是迈克尔所追求的。虽然在他的宏大表演中这看似很不起眼，但起到的作用却是非凡的，他想借此传递一种信号："这是我日常生活中的一面。"

T恤的撕裂程度取决于他当天的心情。他会自己亲自拿剪刀剪衣服。有时候只会剪一道小口，有时候开口会很大，因为"要给女孩们秀一下小蛋糕"。"小蛋糕"是他对胸肌的昵称。在有些时候，他激动过头了会告诉我："我

第64-65页图：1992年，《危险之旅》巡演时，迈克尔和他的伴舞在排练《犯罪高手》。

上左图：1990年，迈克尔被授予"十年最佳艺人奖"（Entertainer of the Decade Award），颁奖嘉宾是H.W.布什总统。

上右图：1995年，在《地球之歌》（Earth Song）的拍摄现场，满地残骸，我在准备为迈克尔整理服装。

对页图：1995年，这是为迈克尔定制的一件衣服，花了12个小时才把金丝饰带加到这件酒红色羊毛轻骑兵夹克上。

需要一件新衬衫，因为这件实在太破了。"

每当我为他准备服装的时候我都会带上6~8件诺德斯特龙（Nordstorm）牌的T恤，因为谁也不知道他要尝试撕开多少件。我每次都是按照批发价买的——20美元一包。这个牌子的T恤效果最好，因为它们厚实、修身、缝制整齐，不松弛，像氨纶的健身服一样合体，能够在迈克尔跳舞时最大限度地展现腰身。

迈克尔另一个表现叛逆精神的地方就在于他会故意弄脏自己的衣服。当我第一次看见他这么做的时候，我简直不敢相信——他就站在化妆间里，用手指舀了一勺化妆品，擦在肩膀上，他居然还用挑衅的眼神看着我。

你不能弄脏自己，你是迈克尔·杰克逊！
确实如此！

作为一个设计师和服装师，这当然是我最不想见到的事情。但随后迈克尔开始混搭服装，我也就逐渐适应了。我记得那是1993年，杂志《生活》（Life）在梦幻庄园要进行一次拍摄，而迈克尔甚至一脚穿亮粉色袜子，一脚穿黄色袜子。全世界变得混乱起来。

"谁是他的服装师？"

"嗯……是我。"说这句话的时候我畏畏缩缩，全然没了平时的神气。

迈克尔很喜欢看我难为情的样子，他觉得有趣极了。

迈克尔很喜欢和歌迷进行这种无声的交流——用脏的、撕碎的衣服。"谁在乎我穿什么衣服？为什么我的袜子必须要成对？谁说它们必须要相配？"而他的歌迷则会这样想——"也许他也和我们一样……不可能，他可是迈克尔·杰克逊……但他和我一样穿的衣服破破烂烂，但他和我也有区别，他的李维斯都闪闪发光，他在哪里，灯光就在哪里……哦！看他的鞋，他和我穿一样的鞋！"

这种无声的拉锯战让迈克尔看起来更神秘了，又是他的魔法！一旦被他的魔法捕获，就只能成为他的歌迷了。

第四章

追逐魔法

"如果把我自己的衣服挂在这儿，混进这50多件衣服里，你们能分出来哪件是我的吗？"这次迈克尔终于没有在电话里向我们提出他的"每日一问"了。我记得那是在1988年的一个工作日，迈克尔来到我们用地下室改造的工作室参观，一边赞叹，一边提出了这样一个简单却难以回答的问题。迈克尔很少到我们这边来——毕竟通常都是我们去见迈克尔，不管他是在梦幻庄园、录音棚、拍摄现场还是在巡演。但迈克尔确实偶尔也想看看我们到底是在什么地方为他的服装设计出谋划策的——在一个托斯卡纳装修风格的60英尺×40英尺的普通平房里。

我称这个工作室为"杂乱无章但井井有条"——这里有一堆布料和工具。九台缝纫机，两台打钉机，一个高压熨斗，还摆满了一圈珠饰架，上面放满了要用的莱茵石。我们采用双层玻璃门，阳光能够直射进来。不过为了满足24小时赶工的要求，还额外安装了日光荧光灯。在丹尼斯的草绘桌旁，就是12英尺长的裁剪桌。在我们的工作室，只要有好的想法，立刻就能像盖比特制造匹诺曹一样把我们的想法具象化。我想这符合迈克尔式矛盾。

我和丹尼斯也会因为迈克尔担心"自己的衣服不够标志性"而发愁。任何人穿着一件挂满餐具的外套走过人群，我想人们都会记得他的。不过如今我们算是与迈克尔心灵相通了，我们也理解到迈克尔希望不断进步的想法。逆水行舟，不进则退。我们必须不断在迈克尔的服装上加上点新玩意，让人们不断疑惑，"为什么？"

所以我们加上了臂章。

让人往这看

他的臂章宽2.5英寸（6.3cm）、长18英寸（45.7cm），颜色和材料经常变换。全世界所有人都对此十分注意，看臂章的颜色和材质是什么。甚至有一次，南希·格蕾丝（Nancy Grace）——HLN（美国有线电视新闻网的一档节目）的主持人用黄金时段来讨论迈克尔的臂章到底意味着什么。迈克尔再次运用了他的把戏，将媒体玩得团团转，让他的歌迷又不断地猜，"这什么意思？""他为什么换了臂章？"这臂章看起来十分显眼，绝不可能毫无意义！但实际上，一开始，臂章只是为了让人即使只要瞄到迈克尔的手臂也能认出他，仅此而已。

我们只是突发奇想，臂章只是即兴创作而已。经过迈克尔的谜语训练，我们不假思索就能想出一个主意。他教我们不要想太多，只管去尝试就可以了。就好像不断按我们脑海里的"播放"键一样。

顶部图：1993年，迈克尔和伊丽莎白·泰勒在全美音乐大奖上。
上图：迈克尔身穿C-T-E衬衫欢迎吉米·卡特（Jimmy Carter）总统来到他的私宅——梦幻岛。
右图：2002年美国音乐台50周年庆祝会上，迈克尔身穿一件单扣外套，内搭他最喜欢的颜色——红色。他现场表演了曲目《危险》（Dangerous）。这套服装就很好地展示了即使一个简单的臂章也能起到画龙点睛的效果。

迈克尔的挚友，伊丽莎白·泰勒（Elizabeth Taylor）对此知情，她也很喜欢迈克尔这一点，甚至会尝试各种手段去模仿迈克尔。1995年，伊丽莎白·泰勒的婚礼要在梦幻庄园室外花园举行，迈克尔要护送泰勒走红毯。

当时我正在赶制迈克尔的李维斯裤，因为他打算穿那条裤子出席泰勒的婚礼。就当我在泰勒和拉里·福腾斯基婚礼前一周到达梦幻庄园时，迈克尔正在接电话。

"伊丽莎白想要和你聊聊。"迈克尔说着，就把电话直接塞给我。不过他也不是第一次事先不打招呼就这么做了，我知道这也不是最后一次。

我还没来得及和她打招呼呢，她就开口：

"迈克尔在我的婚礼上打算穿什么？"不过其实这么多年来每次她和我在电话联系时，也很少和我打招呼，我甚至都能料到她这次该以什么样的方式盘问我了。我猜迈克尔也知道伊丽莎白想从我这里问出些什么，因为我不知所措看向他希望他能给我点暗示的时候，迈克尔的手在空中狂挥，就好像剪刀一样，他用口型示意："别和她说！别和她说！"

伊丽莎白抢先说道："迈克尔叫你不要向我透露，是不是？"

"是的，伊丽莎白。"她之后说的话让我措手不及。

"他该不会要带着佩剑参加我的婚礼吧？"

她知道无论迈克尔穿什么，一定都是颠覆想象的。我也不能给她暗示些什么，她又说道……

"告诉那个混蛋别带着佩剑参加我的婚礼！"

这些脏话可能从一个水手口中说出来才合适，但是我必须要适应伊丽莎白的脏话。她很喜欢这种较粗俗的风格，也对此如鱼得水。

当我挂断电话的时候，迈克尔也放下心来——他的李维斯牛仔裤没人知道。

"如果她知道我要穿李维斯，她肯定也会模仿的。"迈克尔解释道。

我们最后做了一件15世纪文艺复兴风格的外套，胸前斜挎一条肩带搭配李维斯裤，不过迈克尔还是把佩剑留在家里了。

这整个过程既是突发奇想，又是精心设计。迈克尔身上的反差是我们最喜欢的一点，也不断推动着我们设计出一些更为出彩的服装。为了追求迈克尔完成他的舞台魔术，我们追逐迈克尔的魔法，追逐道路越来越远直至顶峰，直到我们发现自己在做别人认为"不可能"的事情。我们也没有特意去追逐这个目标，我们只是在迈克尔的指导下，不断去尝试，而非空谈。

一开始，我们只是剪裁师，逐渐成长为设计师，然后是艺术家，有天一觉醒来我们甚至发现自己成为发明家。这一点在"颤栗"夹克的设计过程中体现得淋漓尽致。

字母猜谜

迈克尔能如此闪耀夺目不是没有理由的，他悟性很好，十分了解营销，知道要会讲故事，当然更不用说他的舞台表现力了。他知道一旦秘密不再是秘密，人们会对此失去兴趣。因此为了时刻走在潮流前线，必须要在自己的身上增加更多谜团。因此，我们的工作之一就是火上浇油——引入新的理由让人疑惑"为什么呢"，发明新的小玩意测试，引起人们注意。

20世纪90年代早期，我们为迈克尔设计了几件新的衬衫，采用的是由于《卖弄风情的戴安娜》我们才注意到的中国丝绸。迈克尔一穿上就说："这件衬衫很不错。"不过他又指向肩膀处，就好像是在从肩章上弹开吉米尼蟋蟀（Jiminy Cricket，迪士尼动漫人物）一样。他没再说什么了，但我们知道他的意思是要在这里再加点什么。一开始我和丹尼斯还是选择"老朋友"——徽章，但直觉告诉我们不行，这时迈克尔建议："加个字母吧。"

"什么字母？"他的话听起来似乎合乎常理，但他含糊其辞的回答也是意料之中的。

"我也不知道，你选一个吧。"

好吧，他希望我们挑个字母放到衬衫的肩章处——又有臂章又有字母。我们回到工作室，拿出迈克尔的"比利·简"帽，把写有26个字母的纸条扔进去，我摸出来一个"C"，但感觉还不太够，于是丹尼斯再摸了个"T"。

嗯……"C-T"。感觉还不太够，还是跟着直觉走吧，于是我们又摸了个"E"。

"C-T-E"。

毫无意义，但感觉就该是这三个字母。

C-T-E肩章也反响热烈，不过只持续了三年。

文艺复兴时期风格的夹克

上图：丹尼斯为迈克尔出席伊丽莎白·泰勒婚礼所穿服装绘制的草图，原本是采用黄色丝绸的。不过迈克尔在上面写上他更喜欢"纯黑"。

我和丹尼斯翻阅历史书，为迈克尔带来了这样一件耗费15码（13.7米）德国天鹅绒和莱茵石制成的文艺复兴时期风格的夹克。前后时间不超过一星期。迈克尔知道，如果准备时间太长，我们可能会想太多，反而不好。他告诉我们，直觉就是最好的。

活力四射

《比利·简》和《颤栗》的两套服装搭配十分成功，成为这两张专辑的标志，如果我们搞砸服装的话，歌迷会很失望。因此，我们面临的挑战很明显——既要忠于原设计，让人一眼就能看出来这是"颤栗"夹克，也要加一些和以往不同的元素。

迈克尔告诉我们，原先这件"颤栗"夹克是马克·劳伦特（Marc Laurent）设计的，但是他第一次登台表演的"颤栗"夹克却是比尔·怀顿设计的。上面有荧光条，这种材料一般在汽车仪表盘里会用到，能发出微弱的光。这个设计很妙，但是在远处看就看不清了。另外，这个材料不够柔韧，不能随身体运动。那就很糟糕了，如果没有基本功能性的话，其他都是空谈。因此迈克尔很沮丧，我问他："迈克尔，你想要有什么功能？告诉我，你想从这件夹克中得到什么。"

"布什，如果我的外套能自发光的话，那效果一定会好很多。"

因此，我们面临的挑战很明显——既要忠于原设计，让人一眼就能看出来这是"颤栗"夹克，也要加一些和以往不同的元素。

于是，我和丹尼斯前往当时迈克尔居住的地方恩西诺（Encino）的哈文赫斯特（Hayvenhurst），给他测量需要的数据（当时我们还没有用衡量准确的人体模特）。沿着螺旋上升的钢铁楼梯，我们一路来到了迈克尔的私人房间门前，一路很安静，隔着门，就是所有魔法诞生的地方。一进门，我们看见四处堆满了各种尺寸的人体模型（除了泡泡所在的位置）。白色书架上摆满了成排的奖杯。房间正中的地板上，摆了一个透明的展示柜，里面站了一列两英尺高的白雪公主和七个小矮人塑像，他们一个接一个，紧密站成一排，似乎都能听到他们的耳语。

他是我们为他设计的第一件外套，因此我们必须要拿到精确的数据。就在我用软尺为他测量的时候，他突然问了一句，"你们能确保这件衣服亮起来吗？"

"我们一定会做到的。"我向他承诺。我们别无选择，迈克尔不相信"不可能"。于是我们只管到他家里测量数据，以劳伦特设计的"颤栗"夹克作为模板，尽力去尝试。

完成测量后我们立马冲回工作室，丹尼斯马上开始构思草图。他先画了个深V领一直延伸到肩膀处。如果这个V领亮起来效果怎么样呢？想象一下，舞台灯光亮起，V领亮起，那观众还能看见衣服上的红色吗？红色会被遮住的。因此，为了让红色部分醒目，必须要在上面加以亮珠点缀。

我们立刻开始镶珠，然后把该缝的地方缝好，又用原版夹克做一个样板。

做完样板，我们还需要模型，我们用树脂做了一个。为了让夹克发光，我们又找来三名工程师为夹克加装电线。还需要一名计算机工程师远程操控，确保一切正常工作——迈克尔当然不可能在跳舞的时候按什么地方打开开关。这可不是魔术，这都是技术。

我负责打孔，丹尼斯负责在不触碰珠子的前提下绣珠子，这一步之后再请技术人员确认电线都完好无损。最后整件外套净重17磅（7.7千克），包括可卸除的防火内衬。

迈克尔当时在佛罗里达的彭萨科拉进行《飙》巡演的第二站——美国室内表演阶段，我们把衣服做完后，就带着衣服到那里去找他，不过他当时没在试衣间穿上。因此，我们第一次见到的时候也是在正是表演时。迈克尔在台上摆出姿势，特效管理人员就按动按钮——他的衣服亮起来了！全场瞬间沸腾，他手高举着，大喊："尽管来吧！"这是他激动时常说的一句话。

在当天的第二轮排练时，迈克尔想要自己亲身看一眼夹克发光的效果，于是我们把一

对页图（顶部图）：1983年马克·劳伦特为迈克尔设计的"颤栗"夹克。2011年，在贝弗利山庄朱利安拍卖行，这件衣服售出了180万美元的高价。
下图：1987年，比尔·怀顿为《飙》巡演设计的"颤栗"夹克。

"为了让夹克发光，我们又找来三名工程师为夹克加装电线。还需要一名计算机工程师远程操控，确保一切正常工作——迈克尔当然不可能在跳舞的时候按什么地方打开开关。这可不是魔术，这都是技术。"

上图："颤栗"夹克的电线"内胆"，这件衣服里到处都是电线，甚至袖子里都有。

面镜子搬上舞台。当看到观众将看到的壮观效果时，迈克尔的手握成拳头，在空中不断挥舞，大喊出一声声"尽管来吧！""尽管来吧！"对于迈克尔来说，这可能是他艺术生涯中最完美的表演服了。

当我们巡演完毕，回到家中时，我们就把原版的劳伦特夹克还给了迈克尔，但他看起来迷惑不解。

"你们不需要把它剪开吗？"

"不用，我们也不会这么做的。"

他很震惊我们能在不剪开原版夹克的情况下模仿得这么好，我们也很震惊他居然会愿意牺牲这样一件意义非凡的衣服，仅仅以再创造的名义。

"你们是为了我才这样做的吗？"迈克尔很开心。不过房间里可不能只有他一个人收到礼物。因此，迈克尔拿起来带伦特做的夹克亲笔签名后，把它送给了我和丹尼斯——

我们熟知的迈克尔确实经常会这出这样温暖人心的举动。

在《飙》巡演的每一夜，迈克尔在五万名歌迷面前都会身穿这件"颤栗"夹克，随着他手举起，胸前的 V 也亮起，似乎是预示着拉斯维加斯（Vegas），观众和迈克尔都兴奋异常。音乐总监清楚在欢呼声稍微平息之前不应该预告下一首歌，而迈克尔只要做出下一个动作，如雷般的掌声都会持续。不过迈克尔会伫立在那里，享受这些欢呼尖叫，把尖叫、哭喊和掌声充分吸收，并沉醉于此。这些反应，这些欢呼雀跃，就是迈克尔活着的理由。

大家都看向他吧！C（see）The Entertainer（艺人），C-T-E!

但是有个问题：当你一次次超越自我，使出浑身解数一次次施展魔法，展现谜团，如何才能将之超越呢？超越自我有没有限度呢？

风起了，我们又要动身前往下一站了。

对页图：1988年，这件电子"颤栗"夹克是我们为迈克尔设计的第一件服装。
下图：迈克尔身穿发光的"颤栗"夹克现场表演。

"颤栗"夹克进化史

1992年：在《危险之旅》巡演期间，迈克尔穿着这件反光涂料的皮革夹克，它能在微弱的灯光中发出荧光。

1996年：我们在《历史之旅》巡演中沿用了荧光的概念，这次的面料是纽约消防局（FDNY）捐赠的，我们也在《摩城金曲串烧》（Motown Medley）和《拯救世界》（Heal the World）演唱会中用了这种面料。

2001年：这件纯黑色夹克从来没有公开展示过，原本这是用于纽约麦迪逊花园广场迈克尔从艺30周年演唱会的。但由于时长的问题，相关表演被取消，因此这件衣服就被尘封在我们的储藏柜里。

第五章

为王披上战袍

迈克尔在公众面前穿过的服装从来不会穿第二次，除了少数特殊的表演服装和1992年我们为他设计的这件。这件衣服前卫、原创，全身覆盖了闪闪发光的流线型金属，一切都恰到好处。外界媒体甚至猜测迈克尔连续两次穿这件衣服说明迈克尔的财政状况不太好，但我和丹尼斯知道真相。虽然他几个月前就曾在一个稍微私密的场合穿过这件，但1993年，比尔·克林顿（Bill Clinton）的就职晚会上，迈克尔仍然坚持要穿这件衣服完成表演。

为了确保迈克尔有足够的服装进行选择，我提前两天来到华盛顿特区的麦迪逊酒店（the Madison Hotel），带着他的一堆服装。但是迈克尔自己也带了行李箱。当他打开行李箱，拿出这件镶嵌钉饰的黑色皮夹克，对我们说"我要穿这件"的时候，我心里就把这件衣服当成未来设计夹克的参照标准，这件夹克可以说是我们完美的作品，品质、原创性以及工匠技艺都得到了体现，而这些对于迈克尔的舞台表现力也是很重要的。

在迈克尔的七大服装基础板型确定后，我们的大多数时间都花在了构思和把构思化为实物上，剩下的时间就是考虑：下一件该是什么呢？最新的趋势是什么呢？什么才能最好地体现迈克尔呢？这件夹克总体来说，其功能就是要平衡迈克尔身上的元素——基础款的"李维斯"和乐福鞋让他看起来平平无奇，但是迈克尔身上装饰华丽、气场十足的军装夹克成为焦点，就好像在说："往这看，表演马上开始了！"而这一切都在"克林顿夹克"上得到了体现。

在拉链两侧对称分布五条、用数千个方形铆钉覆盖装饰的皮带。当迈克尔跳舞的时候，这些皮带也会跟之舞动。皮革上棱角分明的铆钉让人感觉到一丝危险的气息，就好像斗牛犬项圈上的尖钉一样。金属反射的灯光，再加上皮带互相撞击发出的啪啪声，让舞蹈动作看起来更具有力量感。

迈克尔不仅仅是穿"克林顿夹克"，他还能操纵这件衣服。他会有节奏地呼吸，切换深呼吸并配合裤子使皮带动起来，让灯光照他身上的饰钉上并曲折地穿过他的身体。迈克尔好像是一个木偶师，用他无形的线——呼吸，让这件外套有了生命。

第84页："飙"套装一个很关键的元素就是警徽。
对页图：在一次父亲节派对上，迈克尔和他的孩子普林斯和帕里斯戴着我和丹尼斯在玩具店买的塑料王冠玩耍，普林斯和帕里斯希望迈克尔穿上这件长袍。

"迈克尔不仅仅是穿‘克林顿夹克’，
他还能操纵这件衣服。"

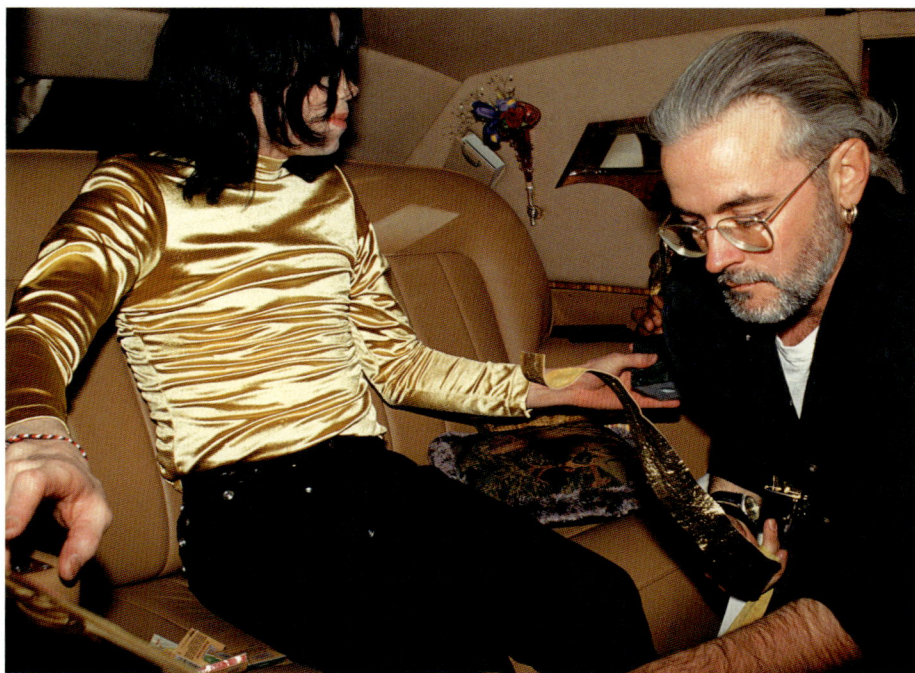

上图：1993年，灵魂列车音乐奖颁奖典礼上，迈克尔由于关节扭伤，不得不坐在轮椅上表演了《铭记此刻》（*Remember the Time*），一表演完回到车里，迈克尔就迫不及待地取下了裤子上的金缎皮带。

特效

迈克尔最喜欢穿那些能够发出声响的衣服，因此他对拉链很着迷。每个人都听得到拉链的声音，但是，能如此欣赏拉链并能发现其娱乐价值的人，我只认识他这一个。迈克尔很喜欢摆弄拉链，可能他自己都没意识到。坐在车后座的时候他就会拉动拉链玩，发出嗞嗞的声响，就好像DJ在打碟一样。再搭配上他嘴里嚼的火箭筒泡泡糖破裂的声音，一路上真是让人受不了。

一路上，嗞嗞啪啪的声响在车里停不下来，我们就好像开车出门旅游的家庭，后座

的小儿子闹个不停。

"迈克尔，"我打断他，"你听起来就像从谷仓跑出来的奶牛。"大概他以为我这样说是因为我想起了老家阿巴拉契亚的农场吧，他会哈哈大笑，这时我就能看见他黏在牙槽上的泡泡糖在嘴里拉丝，然后他故意说让人讨厌的话："我打扰到你了吗？"不过他的动作可不会停，依旧嗞嗞啪啪响个不停，真是烦人！

即使他像弟弟对哥哥一样火上浇油，但他真的没有打扰到我，因为我知道他玩得很开心。

在他职业生涯早期，迈克尔认为运动是他表演服装很重要的一部分。1983年他在摩城25周年演唱会上表演《比利·简》（也是在这次演唱会上他表演了太空步）所穿的外套是他母亲凯瑟琳（Katherine）的衣服。在如此重要的一个时刻，迈克尔出于本能地想要穿一些过往他母亲所穿的衣服。这件夏奈尔风格的夹克表面布满网眼和亮片，是特地从加利福尼亚州谢尔曼橡树的布洛克（Bullock's）百货商店买来的。虽然很普通，只是黑色加一点亮片，但迈克尔还是想穿。就是这么简单。

30年过去了，"比利·简"夹克除了面料有所改变，基本的样子都保留了下来，而面料的改变也使得整件服装的质感有所变化。另外，凯瑟琳衫是带有网眼的，而现在更流行的亚历克斯针织面料（Alex jersey）会更修身、更厚重。我们要更进一步挖掘凯瑟琳衫的面料，避免产生静电，但又要保有网眼特质。

过去，小亮片贴在网眼上，手指可以穿过去，就好像用手插进假发一样。但是后来衣物面料变得更结实，如醋酸纤维面料，网眼的编制也更为紧密。但这与迈克尔的预期不符，当迈克尔轻拍这件衣服的时候，他希望上边的亮片能翻转，不断反射光线，就好像过去他母亲穿的夹克一样。如果这件衣服在迈克尔穿上做舞蹈动作的时候不能轻盈飞舞反射光线的话，那他会大失所望，并且抱怨道："这不是魔法。"

"我的衣服发生了什么？"当时正值两次《飙》巡演间隔，我作为他的服装师刚加入他的团队。他的眼神就好像刚来到迪士尼乐园，准备坐上小火车，却被告知机器出故障了。

"这不是粗孔编制的面料，"我向他解释道，同时指出他现在穿的夹克是亚历克斯面料，"不过没问题，我会为你做一件你想要的。"

同样的事情还发生过几次，是关于他的领带。迈克尔跳舞时会快速旋转，他希望他的领带能像直升机螺旋桨一样绕着他快速旋转。但事实是会打到他的脸。他1987年暂时停止《犯罪高手》拍摄的原因就是这个。他找到我，对我说："当我转的时候，我希望我的领带在这个位置。"说着还用手比划了一下——他希望领带在反方向。如果衣服不跟着他动，就毫无意义。因此在丹尼斯的建议下，我缝了一个25美分硬币在领带内侧，让领带更重一些，从破坏表演的装饰变成了直升机螺旋桨——而我只花了不到5分钟以及25美分成本。

只要迈克尔的衣服和他配合良好，他就会很开心。但是当衣服没用时，他就会翻脸不认"衣"，一点儿都不注重保养。又因为通常不会有什么贵重的装饰品，他从不吝啬将其作为礼物送出去。他以把夹克和帽子送给歌迷而闻名。1985年，就在我加入迈克尔的团队不久，我和他还有一名歌迷一起在电梯里，歌迷满怀激动地说道："迈克尔，我很喜欢你的衣服。"

当时他穿的是一件黑色的英国轻骑兵外套，是我早期为他做的几件衣服之一。从构思到完工，我们花了整整3个星期。我至今记得当时的场景，迈克尔毫不犹豫脱下衣服，把它递给那位歌迷，说："给你吧。"我有点儿难以接受。那如果他想要一件类似的怎么办？我和丹尼斯都不记得我们用了哪些材料，经历了哪些步骤了。我感觉我们必须要把每件衣服做好备份，拍下照片，以防哪天迈克尔绕城一圈，把自己的衣服都送给像这样的毫不犹豫收下礼物的歌迷。

左图：丹尼斯的25美分旋转补救措施。
下图："比利·简"衫的进化史（从正前方开始按逆时针方向依次为）《飙》巡演（比尔·怀顿版），《危险之旅》巡演（1992年），麦迪逊广场花园30周年演唱会IVibe杂志封面版（分别于2001年和2002年），"历史之旅"巡演版（1996年）。

第92-93页图：在我们开始拍照记录每件衣服之后，我们也开始注意拍下衣服的细节，就好像这件轻骑兵夹克一样。把原版送给在电梯偶遇的歌迷之后，我们根据记忆又复刻了一件。

重做"避开"夹克

声音、动作、光线、棱角，这些元素在迈克尔的衣橱里都随处可见。但要说到"反叛感"，则要数"避开"夹克体现得最好。这件衣服由马克·劳伦特（Marc Laurent）在1982年为迈克尔设计，成为被人们模仿最多的一套服装。在公交车站，小学生穿这件衣服等校车；在电影院，年轻男孩把这件衣服披在女朋友身上；在世界各地的酒吧、俱乐部，穿它的人更是数不胜数。初始版本的"避开"外套不仅抓住了短片中帮派的精髓，更集齐了迈克尔喜欢的各种元素：皮革——街头文化；红色——迈克尔最喜欢的颜色，而且保证能吸引观众注意力；拉链和肩膀上的链条，既能发出响声，还能捕捉光线；整体呈军装风，板型更挺阔，自带威严和掌控力。

但唯独有一个缺点：迈克尔穿这件衣服跳舞很不方便。

迈克尔在《胜利之旅》巡演时第一次现场表演《避开》，当时他穿的是比利·怀顿设计的夹克，全衣镶满了珍珠，导致舞蹈时因为太重抬不起手。而迈克尔在《避开》编舞中为了模仿鸟类振翅，又设计了大量的手部挥舞动作，这件夹克的袖子阻碍了他的发挥。由于衣服臂下接缝处空间不足，当迈克尔抬手时垫肩会打到他的脸。整件衣服看起来僵硬无比，就好像一个大桶，直接从腰部往上抬。在《飙》

巡演的第一阶段，服装问题成了他的心头患，也直接推动了他雇用我和丹尼斯。

红色的蛇皮版"避开"夹克也是比尔·怀顿操刀设计的，在巡演开始时使用。它有质感和深度，拍照效果很好，但不配合迈克尔舞蹈。在巡演阶段这件衣服也破损了，缝线裂开，拉链和衣边也破裂了。我们在《飙》巡演第一阶段被雇用时，想到的补救措施是加上一块衬料，让手臂处空间更大一点，这样迈克尔在抬手的时候不至于看起来像从一件紧身夹克里挣脱。加上一块衬料，我们把他变成舞者的夹克。自此之后，我和丹尼斯就替代了怀顿的工作。

1989年，我们接手了这件夹克，那时初始夹克已经诞生了六年。我们在观察迈克尔的舞蹈后又进行了两次微调，以便了解迈克尔真正的需求，了解他身体的运动方式。《避开》是迈克尔所有表演中最灵活多变、肢体要求最高的。因此，表演服装必须在轻便的同时做到结实——迈克尔可能到处乱扔这件衣服，表演到兴头上还会踩踏，甚至乱扯这件衣服。拉链可能会掉落，塑料锁齿也可能会掉一两个，于是我们又得熬夜修补，以便下一场时能穿着。不过，既然我们已经能确保其功能性和修身性了，那新的问题又来了——如何让"避开"夹克能看起来一样，但是又能有所不同呢？

解决方案是：只改变面料。比如，在《危险之旅》巡演期间，我们将红色鱼皮来制作夹克，将莱茵石粘在肩膀处。把鱼鳞从鱼皮上刮开后，你就会得到一种特殊的皮革外观——有棱角、有破损，但仍然光彩夺目。由于它材质特殊，拍摄效果很好，而且比肩膀处加圆珠点缀的原版更轻更闪耀。

在所有的八个版本"避开"夹克中，迈克尔最喜欢的是《历史之旅》（History Tour）巡演那一版，那是由氯丁橡胶制成的（制作潜水服的材料），是一种塑料。就好像仙子"小叮当"挥舞魔杖在塑料上面撒了一层七彩斑斓的星尘。在肩膀处，之前的设计都是莱茵石堆砌，但这版我们贴上了切割塑料方块，

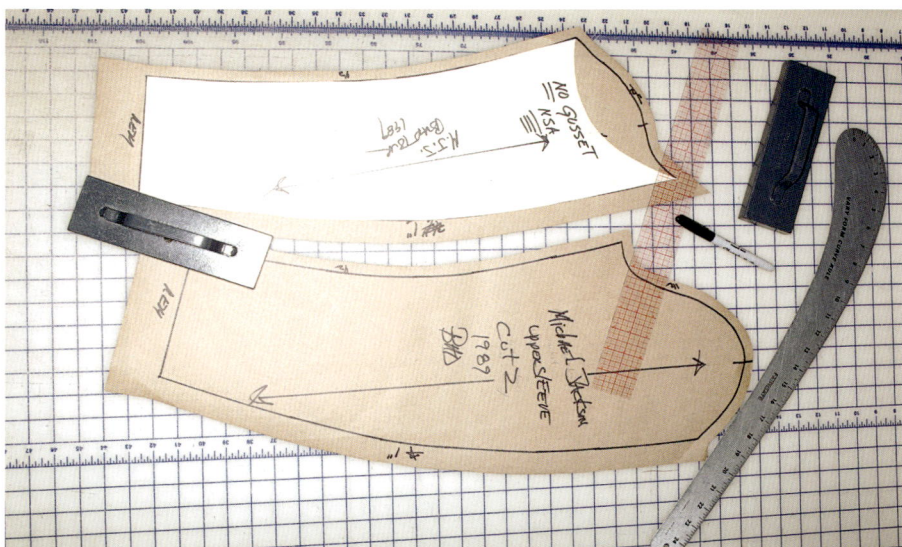

"避开"夹克进化史

1988 年：《飙》巡演，红色蛇皮版

1992 年：《危险之旅》巡演，红色鱼皮版

1996 年：《历史之旅》巡演，红色氯丁橡胶版

2001 年：30 周年演唱会，黑色蛇皮版

看起来就好像迪斯科灯球上的方镜。这使透明莱茵石更产生奇幻的效果，舞台表现力感更强，还减轻了原本的重量。小叮当版"避开"夹克醒目，五光十色，有生命力，实际上轻若鸿羽。随着迈克尔年岁渐长，衣服的重量成为一个大问题。演唱会上又唱又跳整整两个小时之后，难免体力跟不上，因此他的服装必须要越来越轻。《避开》总是安排在整场表演中间，毕竟让一个剧烈运动后脱水多达5磅重的人再穿上一件5磅重的衣服，还要让他上演激烈枪战，这是太有点强人所难。

在《历史之旅》巡演后，我们暂时不知道"避开"夹克的未来发展方向。不过在2001年8月的一个晚上，迈克尔给我打来电话，当时我们正打算一个月后前往纽约，为9月7日和10日的麦迪逊花园广场举办的个人独唱生涯30周年演唱会做准备。电话里他说，他打算开场表演穿纯白色服装，之后的表演都穿纯黑色服装。

他的话很直截了当："把我的'避开'夹克改成纯黑的！"

迈克尔很注重细节处，不同词的定义是不一样的，稍微更换单词，意义就会改变。

我第一反应是：你不能把"避开"夹克变成黑色！

他能歌善舞，还能看透人的心思。"我知道这会让歌迷失望，"他解释道，"但是试试嘛，看看他们能不能注意到，看看他们会不会注意这个。"

于是在2001年9月7号，迈克尔穿着黑色的蛇皮夹克在麦迪逊广场花园表演了《避开》。这件黑色版的肩膀处用魔术贴的毡毛面替代了碎莱茵石，触感更特殊，表达出一种叛逆感。当时在表演中途，按原定计划是迈克尔示意我上台给换他衣服——是的，这也是表演的一部分。不过就在我把这件黑色夹克披在他身上的

时候，迈克尔用非常轻的声音和我说道："布什，这件衣服不是红色的吗？"

我愣住了，从我的表情也能看出来。不过马上迈克尔就说了句："哈哈，成功！"我才意识到我又被他捉弄了。

对完美的定义

迈克尔不拍音乐视频（MV），他只拍电影短片。一支音乐视频只需要几千美元，但电影短片则要耗费数百万美元。他的理由是："只有电影才能完整地讲故事，音乐视频就好像早间新闻一样。"这就是迈克尔对于宣传的理解，他对此有自己的理解，就好像叫我们去看广告杂志一样。迈克尔很注重细节，不同词的定义是不一样的，稍微更换单词，意义就会改变。如果是"视频"的话，那所承载的信息绝对没有"电影"多。

在服装上迈克尔也是如此。只有他才能把一件的李维斯丹宁夹克变成独属于自己的"迈克尔夹克"。把视线放到这件经典时尚单品：这只是一件寻常的李维斯夹克，不过肩线加宽，腰线收窄，正前方有两个口袋，还有一个V领。但是对于迈克尔来说，这就是一个很好的基础板型——因为有一些看似寻常的地方，其实能改的很出彩。

最初，我们制作衣服的过程大概是，先按照这件李维斯丹宁夹克裁剪出模板，再用白色帆布大致拼出一件夹克，再用冲孔机打上莱茵石看看效果。但是，冲孔机附带的六角尖刺圆环太大、太重，无法达到那种硬币"挤在一起"紧密排列的效果。同时夹克的重量导致肘部起皱，织物的张力又使其变平，整件衣服十分僵硬，就像丹尼斯为迈克尔做的第一件金属外套，于是我们最终放弃了。另一个问题，尖刺会刺穿衣服，如果我们没固定好，就会像针一样刺穿皮肤。如果接触到水还会生锈，因此也不易清洁。

一般来说，莱茵石都是用冲孔机固定的，因为这是比较节省时间的方法。另一个替代方

案是徒手缝制，可以避免六角圆环垫圈，也能让莱茵石紧密排列，达到迈克尔想要的"硬币"效果。当我们把冲孔压制的莱茵石外套给迈克尔试穿时，他很不喜欢，脱下之后就把衣服递给我们，说："帮我做一件真正的衣服吧。"他说的"真正的"，意思是要手工缝制莱茵石。

如果要这样做的话，那覆盖全衣需要成千上万颗莱茵石，我不得不四处采购莱茵石，东拼西凑，因为不管是零售商还是批发商，都没有人能一下子拿出这么多来。我只有不到四星期的时间完成这件夹克。我为了找齐足够数量的莱茵石，几乎是横跨美国——从洛杉矶到纽约，虽然最后是凑齐了，但我还是要飞到奥地利一趟，那里是莱茵石的生产地，我要直接找到源头，让他们以后寄过来。

这一次，我们不能再用机器冲孔固定莱茵石了，我们要做一件"真的"夹克，就必须要直接把莱茵石缝在衣服上。缝莱茵石真的是劳苦活，怪不得这项技艺"失传"了。我们在21天内把整整9000颗莱茵石徒手缝到了衣服上。每颗莱茵石要缝两针（一针在正面，另一针在反面），那也就是说我们缝了

上图：这件"冰晶夹克"的袖章是由20世纪20年代复古的平背方形黄玉制成的。

18000针。迈克尔迫不及待地想要看这件衣服，他不停地追问进度，就好像坐在车后座上下拉拉链，嘴里嚼口香糖一样。他一直给我打电话，来电录音里只能听到他的声音不断重复，他的追问甚至都可以编成一首歌了："我的衣服呢？我的衣服呢？我的衣服呢？"

我从迈克尔身上真的学到了很多，这次我也要教他一些东西了。"迈克尔，"我说，"你一直告诉我们，在自己准备齐全之前，不能让人看到你的作品。"

我们日夜赶工，还要同时注意不能让莱茵石的重量压垮整件衣服，又要保证莱茵石排列恰当，使整件衣服有流动感。我们采取的策略是插空缝制，一颗莱茵石在中间，左右两侧错开一些，对称各缝一颗。

见到成品的那一刻，我穿针引线的每一秒都值得。我们舍弃普通帆布，转用划船专用的白色厚篷帆布，减轻了重量。成品表面铺满单孔莱茵石，它们有5mm、6mm和7mm三种尺寸，让整件衣服亮得像一面镜子。在每根袖管上，我们都用单孔黄晶莱茵石堆出军衔徽章般的V形图案，并在右臂特别设计了黄玉金色的标志性臂章。最后，我们把李维斯丹宁夹克的标配纽扣换成了直径1英寸的超大号莱茵石。我知道迈克尔一定会非常喜欢这件衣服，便迫不及待地想把成品送到他那去。

第二天，迈克尔忙着录制专辑，我便一大早就给录音棚打电话找他。录音棚的工作人员告诉我下午五点再来，我只好苦等了一天。下午到录音棚后，一见我举着"冰晶夹克"向他走去，迈克尔的双眼一下亮了起来。我把夹克交到迈克尔手中的那一刻，他甚至忘记了眨眼，只是来回抚摸着它，祈祷般呢喃道："太棒了。真绝了。我今天录音时要是穿着它就好了。"

我不想出卖工作人员，可我为这外套马不停蹄地缝了三星期，手都快累断了，便老实告

没什么"不好"

迈克尔为自己量身打造演出服的习惯在造型上一直有所体现，夹克尤为明显。他总能一眼挑出稍加设计就能在身上大放异彩的单品。在《飙》电影短片中，迈克尔所穿的夹克是在梅尔罗斯大道附近一家商店里买到的成衣。当时，他正在橱窗前走马观花，一下看到这件棉夹克套装，便直接进店买了下来。他把这套衣服带到梅尔罗斯大道上的西部服装公司（Western Costume Company），加上搭扣和绑带，就穿着拍摄了《飙》电影短片。得知《飙》巡演的现场造型必须与影片造型一致后，迈克尔把影片中的这套街头服带过来，请我们为即将到来的演唱会对它做些修改，让它视觉效果更好、更结实、更好洗，还适合穿着跳舞。

在我们打造的"飙"主题造型中，所有单品都来自梅尔罗斯大道附近的四五家商店，棉布也都被换成了弹力华达呢。我们的主要目的是让这套服装发挥更强的舞台效果，更合身，并且从街头风格转变为表演风格。为了给服饰添加"摩托车手"元素，我们着重装饰了夹克、裤子和手套，把搭扣和绑带加了一倍。

我们还为30周年特别演唱会制作了《飙》造型服装的黑色漆皮版本，但由于演出时间超时，这首歌被剪掉了。

上图：在拉盖尔（LA Gear）平面广告宣传会造型中，我们在古董皮夹克上贴了很多镀铬车牌，以呼应拉盖尔系列服装的主题。该系列服装均饰有车牌。

诉他说："你本来可以穿到的，但我今早打电话说要过来的时候，他们不许我打扰你。"

随意动怒不是迈克尔的作风，我不敢断言他当时很生气，但他的确对此不满。他说，能穿上这件夹克当然足够重要，打断录歌不足为惜。无论是谁觉得不足以为了它中断录音，他都要找这人谈谈。

在迈克尔看来，为了一件夹克，叫停整个世界也不足为奇。2001年9月10日，他穿着这件衣服在麦迪逊广场花园参加30周年特别演唱会。这场演唱会轰动全球，我们谁也没料到，世界有一瞬间真的为他停止转动。那天晚上，迈克尔一如既往地大方，说他想把夹克送给后街男孩乐队成员尼克·卡特（Nick Carter）的弟弟，也就是演唱歌曲《我想要糖》（*I Want Candy*）的亚伦·卡特（Aaron Carter）。这个孩子十分年轻，不仅是迈克尔的歌迷，也是一个崭露头角的新星。遭到管理层拒绝之后，迈克尔向我发泄了他的怒火："他们不懂，弗雷德·阿斯泰尔（Fred Astaire）以前就把他的舞鞋送给了我，我想把这样的善意传递下去。"

八年后的2011年，亚伦·卡特终于穿着这件夹克参加了真人秀节目《与星共舞》（*Dancing with the Stars*）第九季的表演。

集成一线

在装饰夹克的过程中，我们发现迈克尔特别喜欢穿戴一些与服装毫不沾边的东西。如果看见一盏枝形吊灯，他肯定会盘算怎么把它穿在身上。挂满刀叉和勺子的"晚宴"夹克也是他的最爱之一。有时，我们会逼自己选择一些不同寻常的装饰。在迈克尔的"铬金属"造型时期，我们为《历史之旅》巡演中的歌曲《困境》（*Jam*）设计了"太空"（Space）主题服装。当时，我们的任务是研究铬金属，这意味着我们要追根溯源。究竟去哪里，我们才能全面了解这种金属，把它做成能穿在身上的样子？

答案不言而喻：我们要去老爷车展。展厅壮观非常，而展厅里的汽车就是艺术品本身。福特T型桶（Ford T-buckets）、20世纪40年代

左图："柏林"夹克细节图。
下图：迈克尔身着"柏林"夹克。

上左图："闪光灯"夹克。
上右图："钞票"夹克（左）英镑，（右）美元。

前的劳斯莱斯、凯迪拉克 V16 和雪佛兰双门轿跑车停在我们面前，重现着老式汽车的光辉历史。这些车的前格栅、门把手和引擎盖装饰都巨大无比，并以黄铜和铬金属点缀。迈克尔并不会佩戴黄铜饰品，因为黄铜会逐渐失去光泽。幸好我们提前补充了一些知识，仍然从车展中有所收获，得到了启发。在车展上，一个饰有王冠的英国汽车俱乐部徽章引起了我们的特别注意。这让我灵光一现：我们可以用欧洲汽车俱乐部徽章制作一件和那些老爷车一样经典、优雅、时尚的夹克——别忘了用上画着王冠的那枚徽章。

我们把这件外套展示给迈克尔时，他正在为《铭记此刻》（*Remember the Time*）电影短片的媒体拍摄做准备。我们在衣服的黑色皮革上安了四枚欧洲汽车俱乐部的徽章，有西班牙皇家汽车俱乐部（RAC）、萨尔茨堡汽车俱乐部（Salzburg Automobile Club）、比利时皇家汽车俱乐部（Royal Automobile Club of Belgium）和挪威皇家汽车俱乐部（Kongelig Norsk Automobilklub），每一枚都饰有王冠。为了打造迈克尔这套造型的七种模式，我们想尝试一些新元素，便没有在服装正面加上拉链。然而，迈克尔不喜欢穿关不上的外套，即使他知道自己根本不会把拉链拉上去。

他连试穿一下都不愿意。

但我们连哄带骗，温柔地提醒他，我们要是真觉得某套衣服不合适，是绝不会给他带过来的。他终于勉强相信了我们，换上这件外套，不情不愿地穿着它拍了照片。成片出来后，他看了看最终效果——发型、妆容、灯光、姿势及这件夹克——然后完全为之倾倒。"你们是对的。"他告诉我们说。此后，迈克尔身穿我们设计的夹克，由索尼公司拍摄了许多宣传照，而这张照片成了最常用的照片之一。这件夹克最终被大家传为"柏林"外套，我也不知道背后有什么特殊原因。

过火

迈克尔对服装有自己的想法，但我们认为有些想法过于危险，永远无法实现。譬如1992年，正是迈克尔最当红的时候，他失去了个人隐私，无法随意走进唱片店，甚至坐在车后座，车一停就会有人骚扰。因此，迈克尔想让我们制作一件可以甩掉狗仔队的外套。若他能用灯泡对着狗仔队的灯闪光，狗仔队拍到的照片就会曝光过度。具体方法如下：制作一件黑色皮衣，并安上34个频闪灯。

当然，为了保持魔法的幻觉，迈克尔不能通过触碰衣服来启动机关，便只好由他的保镖遥控打开灯泡，这是另外一个问题。一经启动，这34个灯泡会先发出烟花般越爬越高的尖啸声，再同时爆发出炫目的亮光。但有位医生告诉我们，这灯光太强，会诱使癫痫病人发病，所以迈克尔从来也没用过。

这不是迈克尔第一次停止自己的想法。1988年，我们正在纽约市，准备参加格莱美颁奖典礼。在纽约，迈克尔最喜欢赫尔姆斯利宫酒店（the Helmsley Palace），这里严加保守，他一下车，就能乘电梯直达顶层公寓。当时，新闻报道称，中央公园有青少年欺凌弱小，并抢走受害人的球鞋。迈克尔吓坏了。出于对人类行为一贯的兴趣，他让我也来看了这则新闻的重播，问我有什么看法。"你得看看这个，布什，"迈克尔打开酒店房间的电视，"你觉得这些孩子为什么要这样做？吸引他们的是鞋子的款式还是价格？"

我知道他并不想与我展开辩论，也不想对纽约青少年文化进行哲学探讨。迈克尔的问题大多是反问，问后还会接上更多想法。

"给我用钞票做一件衣服吧……"他说得很小声，话音幽幽徘徊在半空，仿佛这就是他迄今为止最大胆的想法。

于是，丹尼斯取来79张百元美钞，把每张都叠成折纸图形，用黑线固定在摩托车夹克上，还用两层透明塑料夹住。迈克尔虽满意，却认为还能改进。"哇！"他叹道，"既然

我们马上要去英国，就再用英镑做一件吧。"

丹尼斯的这个钞票的设计提起了我们极大的兴趣。首先，如果换成英镑，英镑钞票的颜色丰富多样，然后，英镑也不及美元值钱。丹尼斯就花了一整天时间调整了设计的外观，这种调整从服装制作的时间和成本上来说都是很经济的。

当杰克逊准备采用这样一个设计时，有人劝他穿着这样的覆满钞票的衣服在观众席中走动不太合适，这一设计既不是出于时尚考虑，也不一定会有观众买账。现在在杰克逊的档案中，两个版本设计都被挂了出来，引发人们对于金钱真正价值的思考。但是我们发现，好的设计并不一定是最合适的。

杰克逊一直都是带着目标和对生命意义的思考在生活，他用自己的歌曲传递信念，他鼓励一代又一代人追寻更高的人生境界。他的每一次巡回演出，都是一次与歌迷近距离的心灵碰撞，形成了一个达成共识而认知清醒的军团。

左图："曼德拉"夹克。

饰带礼赞

我们为迈克尔做过的最华丽的夹克之一，是他与丽莎·玛丽·普雷斯利（Lisa Marie Presley）婚后不久，在杂志《电视指南》（*TV Guide*）的封面上穿的一件夹克。那期封面旨在宣传迈克尔和黛安·索亚（Diane Sawyer）的《20/20》访谈节目，他在节目中首次公开谈论到与丽莎·玛丽的关系。拍摄封面两星期前，迈克尔递给我一盘录像带："你得看看这个。"

我和丹尼斯把磁带塞进录像机，荧幕前跳出吉卜赛人骑着驴拉大篷车驰骋的画面，令人摸不着头脑。我无法告诉你剧情，因为它是一部没有字幕的外语片。我看向丹尼斯。"这什么玩意儿？"丹尼斯也沉默地摇摇头，我们只好重新转向电视机，研究屏幕上的画面。好吧，我们看到了驴，看到了一帮穿着粗麻布的家伙，然后……重点来了。一群吉卜赛人劫持了一名海盗，脱下海盗缀满金色饰带的浅蓝色外套，骑着马扬长而去，留下海盗和船员们在肮脏的环境中大发脾气。我们瞬间领悟了迈克尔的意思。

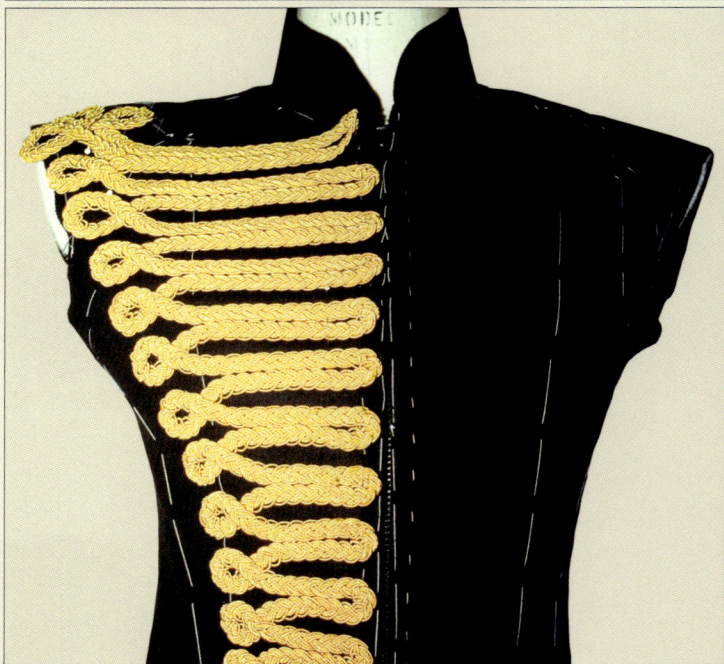

"所以你想要海盗那件衣服的蓝绿色版本，对吗，迈克尔？"

"不要蓝绿色，布什，我要黑色。"

饰带（soutache）是一种狭窄而扁平的装饰性编带。我们得知军队有用它表示军衔的传统时，也并不讶异。在时装业，饰带通常用于遮盖接缝，但我们给这件夹克用的饰带比之前做的刺绣夹克都多——其黄金饰带由棉线和金线混编，15~20码长——所用纽扣也最多。这件夹克之所以独特，是因为使用了一种稀有材料——18K黄金饰带。这种饰带无法清洁、造价昂贵且不易制作，市场需求不大，因此很难买到。我们有幸买来的黄金饰带大多已是古董，极可能生产于一百多年前。教皇的长袍是目前唯一仍饰以黄金饰带的现代作品。

这件夹克另有一处非比寻常：迈克尔各种服装的背面通常没有点缀，但我们在这件衣服后背也添加了黄金饰带。夹克正面点缀着102粒饰以棉线饰带的金属球纽扣。衣服正面、背面、袖子和肩部均用黄金饰带勾勒出轻骑兵制服花纹。衣服右臂以酒红色丝绸制成迈克尔的标志性臂章，最大的亮点则是栖息在每根袖管上的金线刺绣雄鹰。

第六章

仪式大师

你若准备去拍摄，在踏入工作室大门之前，要在门口回想一下自己的身份。那时，我就不再是迈克尔·布什，我叫"服装"。工作时，别人会以你的工作内容称呼你。如果你负责做发型，别人会喊你"头发"；如果你负责化妆，就会听到另一声呼喊："化妆！"接着，你就会立马响应，像一只听见哨声的狗。这并不是冒犯，只是要记住的人太多而难以记住，工作室人员又频繁调动，记住人名其实毫无意义。但与迈克尔共事有不同的体验。到1991年时，我已与他合作六年之久，所以在《黑与白》电影短片拍摄现场，迈克尔喊出一声"服装！"就突然打住了。他站在绿幕前，手捂着嘴，护腿正顺着腿往下滑。

正当我应声并弯腰帮他固定护腿时，迈克尔对自己的不近人情感到非常羞愧，伸手抓住我的胳膊，反复道歉："对不起，真对不起。我知道你叫什么，布什。我不是故意的。"我和迈克尔共同旅行时有大把时间私下交流，他也乐于和我分享他的日常琐碎和长期目标，多亏这些，我们在当时已是贴心密友。我当然知道他本无心，不禁钦佩起他的谦逊。像迈克尔这样的名人通常不会把注意力从自身移开，转而认可或多或少帮到他的人。

"没关系，迈克尔。从现在开始，我们就叫你'艺人'。'艺人准备好了吗？衣服马上就来！'"

迈克尔扑哧一笑，扬起眉毛，仿佛在说："兄弟，你说的太对了。"但我觉得他打心眼里喜欢"艺人"这个叫法。毕竟，他是个完美的艺人，一位仪式大师。迈克尔的巡演就是最好的体现。

完美表演家

1987年，迈克尔在《飙》巡演的第一站时，我成为他的服装设计师。当时，前设计师比尔·怀顿的一些单品已经反响不佳，我便根据迈克尔每场演出不同的风格制订设计方案。我加入了迈克尔在日本巡演的团队，他当时平均每八天演出两场，日程排得很满，有彩排，有演出，还有环游日本的计划。

完美主义者站在迈克尔面前，都会相形见绌。他彩排多次，对造型、编舞和音效不断做出调整。他常对我说："我知道我做这些是为了什么，可你们也要清楚自己在做什么，要像我一样精心编排。"迈克尔完全为现场表演而活，尽力排除所有意外失误。演出时，任何意外都可能发生。通过彩排，我们得以确保迈克尔造型的变化与演出节奏同步，这样服装本身才能发挥效果。迈克尔知道，我和我的团队哪怕只落后一拍，或只是把架子上的一件衣服放错了顺序，都会把整场演出搞砸。即使我们这边精准运转，演出也会发生变数。演出期间，我们还必须配合迈克尔。尽管演出不变，他也会根据观众的反馈来调整造型。

"迈克尔总说他'随节拍起舞'，一旦音乐唤醒他的脚步，就无法控制自己。"

听到观众欢呼，迈克尔总能自然地做出回应。激发他肾上腺素的原因不尽相同。有时他撕破衬衫，有时他摆出姿势不动，有时又扔掉一件衣服。他可能会为了迎合节拍延长跳舞时间。如果观众对他的某些表演无动于衷，他又会想办法做出特别夸张的举动，比如假装晕倒在地上。迈克尔总说他"随节拍起舞"，一旦音乐唤醒他的脚步，就无法控制自己。因此，当下节奏若适合在地上滑行或与乐队一起蹦蹦跳跳，他就会这么做。这时，我们得迅速配合他。

在《危险之旅》巡演期间发生过这么一件事。当时，还没等迈克尔出场，观众就已经按捺不住了。上台前，迈克尔对我说："我们今晚要做'詹姆斯·布朗'（James Brown）的动作。"我从没听过这个谜语，便立马开始揣摩

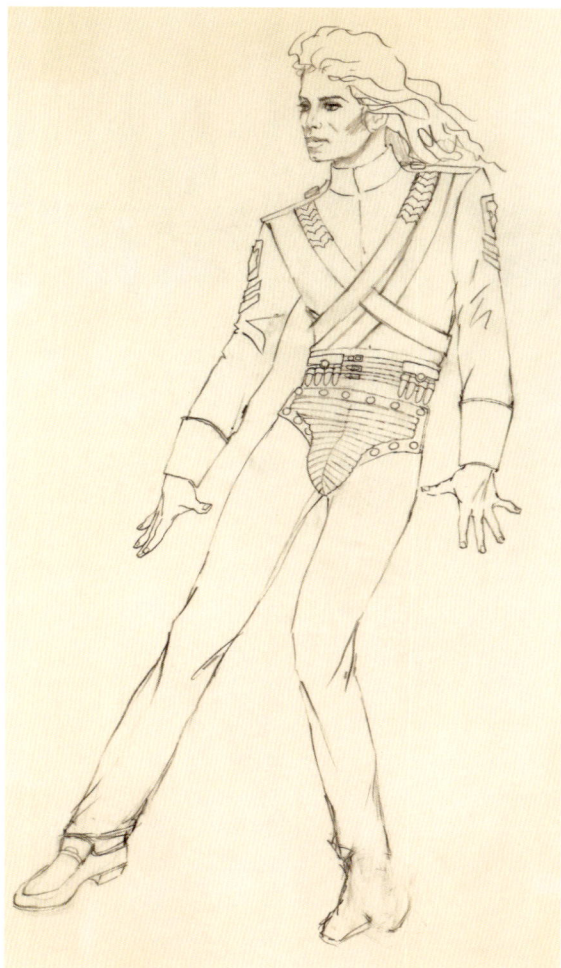

迈克尔的意图，思考他会在演出的哪个环节做出意想不到的举动。果然，《镜中人》（*Man in the Mirror*）唱到一半，迈克尔突然扑倒在地。他歌声没停，却带了呜咽。他转过头，看着藏在台下阴影中的我。然后他把头靠在地上，等了几秒，用口型对我说："二十秒。"

他真的还好吗？怎么回事？我到底该怎么办？

迈克尔仿佛读懂了我的心思，他一边看向我，一边伸出了手。我顿时大悟。詹姆斯·布朗常因力竭而趴倒在地，并以此闻名，因为他跳舞太过用力，到最后实在忍受不了。*这必定是方才"詹姆斯·布朗"的谜底。*从迈克尔的手势，我猜他想让我上台拉他一把，便登上台去，把他扶了起来。"你上来干嘛？你把我的演出都毁了。"迈克尔低声说。

我吓得差点尿裤子。

迈克尔在几千人面前表演之时，还逗我发窘来消遣。最初的恐惧消散之后，这事总令我觉得好笑。

迈克尔乐于观察台下的反应，来判断做什么有效果，做什么没效果，什么又是观众喜爱的。对迈克尔来说，来看演出的人有12万人，甚至多达18万人，这已是家常便饭。每一次，迈克尔都能从庞大的人群中吸收能量，靠它支撑好几天。问题在于，他无法让自己平静下来。在没有连续演出时，我可能会一两天见不到迈克尔。再见面时，他就会向我坦白："布什，我这几天都没睡觉。"

迈克尔像一台机器，尽管我们采取各种保养措施，这机器也会出故障。比如，坐飞机总有生病的风险，迈克尔听亚洲朋友说，亚洲人通常戴口罩抵挡细菌，便也想用口罩遮住嘴巴。他又转念一想，*我为什么只戴个普通口罩呢？*迈克尔·杰克逊可不能只戴普通外科口罩；他必须把口罩变成一种配饰。于是，我们买来外科口罩，比着它剪出轮廓，给迈克尔做了一只泛着纯黑色宝石光泽的丝绸口罩。一段时间过后，我觉得迈克尔戴口罩很安心，因此，比起时尚

左图：迈克尔正在表演"詹姆斯·布朗"。右边那个人是我。

下图：迈克尔与索尔（Slash）跟着歌曲《黑与白》尽情摇滚时，什么事都做得出来。索尔也参与了《危险之旅》专辑的表演。

配饰，它变得更像一个细菌防护罩了。

我们团队每次都坐普通客机的头等舱或商务舱飞完全程。这是因为迈克尔害怕坐飞机，他喜欢和团队聊天打发时间，转移对高空的恐惧。有时他甚至会沿过道走到经济舱，向其他的乘客问好。迈克尔从不坐私人飞机，他认为"飞机越大，颠簸越小"。更何况飞机越大越舒适，他能起身在机舱里活动，伸展筋骨。由于我们去的地方不同，各地的食物、气候和房间枕头都不一样。我们必须多加小心，至少尽我们所能，仔细把控这些细节。因此，我们带上他喜欢的舒适的枕头，保证他身边有骆驼都喝不完的水，还要让他保持愉悦。

迈克尔喝水得用加仑（1加仑约3.8升）计算。他入住之前，我们必须与酒店沟通好，确保房间有五到十箱依云矿泉水，具体数量取决于他住多久。在瑞典举行《飙》巡演期间，酒店员工直接把依云水整整齐齐地码在浴缸边缘，因为在他们看来，只有洗澡才会用到这么多水。迈克尔只用依云水泡澡的谣言就此传开。

"迈克尔牌"机器只能在一种模式下运转。迈克尔录制专辑便是如此——一旦他处于一种模式，就只有那种模式。当他有困意想睡的时候，他直接在演播室的沙发或者地上入睡。迈克尔还把衣服在演播室扔得到处都是，但我尽量收拾干净。为了防止有人突然到访，我要把沙发垫底下和家具后面他的衣服收起来。如果有人约他吃饭或参加聚会，他就会说："我在写歌，我在唱歌，我在录歌。"他是一个工作狂。但他工作时很高兴，更有一些"工作"明显让他乐在其中，比如凌晨三点给我打恶作剧电话。

"知道我是谁吗？"电话那端传来含混不清的英国腔。

"知道。是你，迈克尔，在对着卫生纸筒说话呢。"

他"啪"地挂断了。

顺带一提，迈克尔还是个变声大师。巡

对页图：迈克尔在《飙》巡演上穿的运动员夹克和《颤栗》电影短片中的夹克一样，也是从商店买来的成衣。

上图：这些口罩作为单品，没把脸挡住多少。藏在口罩、帽子和太阳镜之下，迈克尔虽然还是能被一眼认出，却感觉自己完美融入人群之中。

下图：1988年，在《速度之魔》（Speed Demon）电影短片摄影棚，我正在调整迈克尔的腰带。

演期间，他总给音响师、伴舞和司机打恶作剧电话，聊上二十分钟，直到他们发觉为止。他觉得干这事再搞笑不过了，十分刺激。我也不得不承认，这的确挺有趣的。

不过，这只是一位天才表演家神秘魅力的冰山一角。

看向他吧［C（see）The Entertainer，CTE］。

"他们让你摸到迈克尔吗？"同行总这样问我。我则答道，"他们"当然允许。但每次我这么说，提问者都惊叹不已："哇，你摸到了迈克尔·杰克逊！"后来，歌迷们得以亲眼看见我在台上为他脱去外套，把它甩上肩膀，再换另一件衣服。这样的迈克尔显得很平凡，和我们普通人一样。

为巡演期间的迈克尔·杰克逊提供服装并不容易，不是简单地把他的脚塞进鞋子就结束了。演出开始前，我会陪他坐车到会场，给他穿好衣服。演出的两个半小时里，我基本充当他的助手。演出结束后，我就给他递上水和毛巾，把他送上车。一场演唱会下来，他的衣服总会湿透。每次表演他都万分投入，力求做到举世无双、绝无仅有、令人叹为观止的地步。出于对歌迷的尊重，迈克尔说他必须"全力以赴"。所以，在巡演期间，我也必须向他看齐。我为他演出造型所做的一切工作都必须完美无缺。

苛己求全

回到酒店后，我就脱掉他身上湿透的衣服，看着他逐渐放松下来。洗澡是不可或缺的放松环节。他待在浴室里的时候，我会仔细清点歌迷和商家寄来的一大堆礼物。有很多泰迪熊，有成箱的香槟，还有堆成小山的油画和雕像，甚至有人送了一套西班牙斗牛士的行头。迈克尔心情好时还会隔着门和我闲聊，问："布什，你去博物馆了没有？跟朋友见面没有？"他总是在意我玩得开不开心。

迈克尔洗完澡后就换上了棉睡衣。这些睡衣要么是从店里买的，要么是我和丹尼斯为他定制的。接着厨师就把餐送来，但他肯定不会吃。他简直是世上最不喜欢吃饭的人——肾上腺素让他心绪纷乱，毫无胃口。这时，我们会把录像带插入播放器，观看刚才演出的录像。回看时，迈克尔总能极快地指出哪怕最微末的瑕疵："出什么错了？灯光看起来不太正常。那里出什么事了？我哪里做错了？衣服怎么看起来这个样子？"

一次，我们回看《飙》巡演在东京的首秀时，迈克尔在《比利·简》的演唱中听到了刮擦声。"你听，"他说着按下了遥控器上的倒带键，"这声音从哪来的？"接着，我也听到了这个杂音，一种刺耳的刮擦声。迈克尔交代我找出问题所在，我于是又看了一遍。屏幕上，迈克尔穿着黑裤子、黑色亮片夹克和《比利·简》造型中的白手套，在台上走来走去。他当时握着一个手持麦克风，我据此断定是手套上的莱茵石与麦克风摩擦产生了杂音，便去掉了手套掌心那面的莱茵石。迈克尔一直都很喜欢莱茵石，但为了表演效果，他宁愿放弃一些细节来保证一场完美的演出。从那以后，迈克尔就有了两副"比利·简"手套：一副用于演出，只有露在外面的手指和手背镶了莱茵石；另一副用于拍摄——双面镶钻，非常完美。

迈克尔对声音就是如此敏感。每次回看演出，他都会指出问题："你得调好这个音！"或者那个音，或者又一个像破唱片一样难听的音。他的语气平稳又沉着，一如平常，显得深思熟虑又充满威严。除了我以外，他对完美无止境的追求也波及其他人。"吉他手应该在我身后两步开外，"迈克尔会指出道，"你看，我脑袋后面多了个吉他把手。他得走开。他占了我的灯光。"

迈克尔对视觉效果追求就是到这般极致。他会调动全部感官，努力吸引观众。一切都必须完美。这是他给自己的挑战。

沿路风景

研究发挥服装功能成为我的日常工作，首次参加《飙》巡演期间尤为如此。看似无伤大雅的小事也有可能毁掉整场演出，我不得不养成严查每个细节的习惯。例如，有次彩排，几乎每换一个场景，我都要重新测量迈克尔的体围，看看在演出的不同阶段，体液流失会让体围减去多少英寸。迈克尔的腰围一般是28英寸，但到演出中点，准备表演《避开》开场万众期待的穿越魔法时，他已减了5磅的水，腰围下降到27.15英寸。如果他的衣服不合身，此时就会掉下去，我们就不得不在演出途中调整服装。迈克尔臀部没有曲线，身子直得像块木板，我们如果没有把衣服按从大到小的顺序挂在衣架上，迈克尔也许就会穿错裤子，每次随节拍舞动，它都

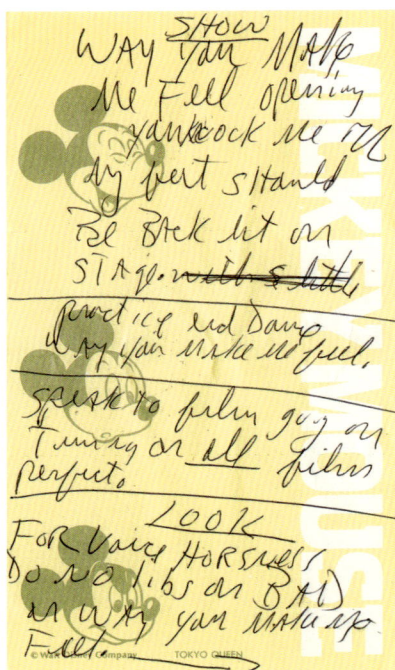

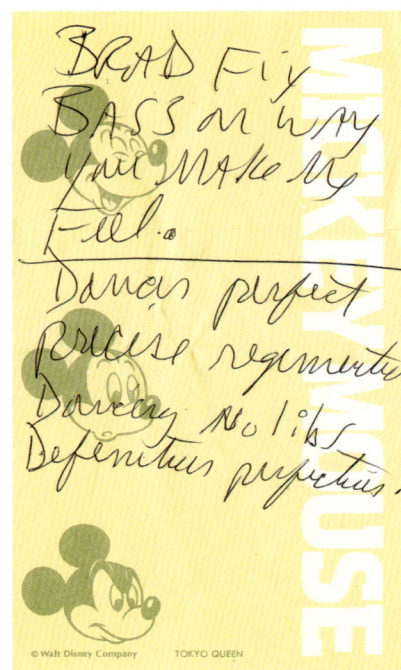

顶部图：在《危险之旅》巡演压轴场景中，我用一双网球鞋标出迈克尔表演"火箭人退场"时的站位。

上图：迈克尔在东京迪士尼乐园的便条纸上列出了改进下一场演出的指导建议。

第118-119页：我克服工作期间临场的诀窍是保持专注，尽快调整好服装，无视成千上万正町着我的歌迷。

可能掉到脚踝。那时可就无力回天了！

迈克尔衣服上的莱茵石必须均匀地分布在两侧，这背后蕴含着物理学原理。迈克尔旋转身体非常用力，如果一只袖子比另一只重，他会由于动量不等失去平衡，做出不够完美的旋转动作——迈克尔不允许不完美情况发生。

之后，我得学会在黑暗中为迈克尔穿衣服。《危险之旅》巡演之前，迈克尔唱完一首歌，就在观众鼓掌期间去舞台背后的更衣室换装。与其他歌手不同，迈克尔不想在换装间隙放音乐。他希望掌声持续到他换好衣服为止。如果一首歌恰好在他挪到舞台中央时结束，他就得跑着下台换衣服，我们失去的每一秒换装时间都仿佛有一小时那么长。

"即使在换件夹克的空当，他也要专门变个魔法给你看。"

但在《危险之旅》巡演期间，他考虑过后对我说："先等一下，我待在更衣室里看不到观众席上的情况。我会错过观众的表现。布什，你必须上场为我换衣服。"

"迈克尔，我这长相挺适合播音，但不适合上台啊。"我抗议道。

他没有笑。"布什，你上台以后，我站在聚光灯里，你站在暗处，观众根本注意不到你。你干完正事就跑。'嗖'的一下，我就换了套衣服，像魔法一样。"

等反应过来，我已经在下一场演出的舞台上，站在聚光灯之外，给迈克尔换上那件"摩城25周年"夹克了。只要待在黑暗中，我应该就没问题。我从记事起就很怯场，更别提在公共场合演讲，但现在我没空想这些。迈克尔需要的东西，我能想到的都带出来了。在更衣室里，我的梳妆台上有一整套必需品——毛巾、水、针线包、发带——但现在，我只能一次做好所有准备。

我手里拿着下一套要换的夹克，嘴里叼着给他擦汗的毛巾，后口袋里还装着个针线包。这时，迈克尔一步踏出聚光灯，说："女士们，先生们，有请迈克尔·布什！"他差

点跌在地上，笑得直不起腰来。

演出结束后，我很不高兴。他努力与我搭话，可我越不理他，他越觉得这件事好笑。直到这个笑话变味了，他才决定对我说："你现在是演出的一份子了，布什。"毕竟，对于迈克尔来说，为他换衣服也能是一场表演。他有一种独特的办法来穿外套。他会绷紧双臂，直指身后不远的地板，拱起背部，扬着下巴。即使在换件夹克的空当，他也要专门变个魔法给你看。此后我经常上台，开始以这种方式与歌迷们建立关系，因为他们看到我确实触碰到了他——我想，我借此间接感受到了迈克尔与歌迷们无比紧密的联结感。

但即使有聚光灯，我站在灯光之外，我不得不给衣服偷偷装上机关，以便在黑暗中看清楚。最简单的办法，就是给衣服缝上白色衬里，那么在一片漆黑之中，迈克尔只需把双臂摆到身后，外套就会自己滑下来。他不必费力寻找衣服的开口，不碰，不瞧，就能无缝换装，穿脱自如，为自己平添几分神秘感。

再就是摸黑拉上衣服拉链的问题。拉上拉链没有任何施展魔法的余地，我们便加上了一个拉链标——一块离拉链扣一英寸的皮革。迈克尔非常喜欢这个拉链标，因为他走动时，拉链标足够长，会跟着摆动。任何东西只要会动就有生命力，而迈克尔喜欢有生命力的东西。他要我们给他的私服也加上了拉链标，对它又打又扭又拉，演变成"拉拉链，嚼嚼糖"流程的一部分。如此简单的东西，就能让他对自己的衣服产生独一无二的感觉。这是一个无人了解也无人在意的细节。

有一次演出，迈克尔不得不下台换裤子。开场时他穿着黑色弹力裤，中途则要换上"比利·简"造型的宽裤子和莱茵石袜子。我们有时会在"比利·简"裤子的裤缝处贴上白色或金色魔术贴，它们撕下来就又是一条新裤子，能给观众一场演出换了三条裤子的错觉。如此一来，衣服就不只是衣服，更成了魔法道具。迈克尔的演出层次多叠，花样无穷，我和丹尼斯设计的衣服要确保在他变魔法时不出意外。

魔法服

看过迈克尔·杰克逊个人巡演的人都知道，迈克尔每场演出都会表演"魔法"，具体来说，就是凭空消失的把戏。魔法在演出近半、唱《避开》前上演，常常激得观众沸腾起来，几乎要掀翻房顶。有了这项魔法表演，迈克尔不用额外穿脱衣服，就能换上"避开"造型。我们得把迈克尔的服装分层，不管他上一首歌穿着什么衣服，里面都必须套着"比利·简"兼"避开"造型的黑裤子和白短袖。最终办法是做一件分离式双层套装，由于迈克尔在表演魔法之前和期间都穿着它，它便被戏称为"魔法服"。

魔法服不用线缝，而是用尼龙搭扣将布料拼接起来，至今也没有观众发现这点。布料在衣服正面的中心交叠，营造出夹克穿在裤子外面的假象，但它们实际上是一件连体衣。魔术贴、接缝和贴牌无一不是障眼法，我只需抓住迈克尔衣领后脖，轻轻一拉。瞧！整件衣服就脱下来了。

每套魔法服制作完毕，我和丹尼斯都要加以测试。我有段时间和迈克尔身材差不多，便亲自穿上魔法服，让丹尼斯从后面脱下来。衣服表现如何呢？有时不太好。我伸手，弯腰，腿能踢多高踢多高，把身体扭成以往穷尽想象力也想不出来的姿势，只为了看接缝会不会因此裂开。衣服也的确因此裂开了很多次。历经这个过程，我们找出了症结所在。魔术贴也许是中间太厚，也许是边缘太薄。我们必须检查：*如果迈克尔踢腿，魔法服会保持完好，还是以魔术贴脱落、暴露底下的衣服收场？压力点在哪里？如果他弯腰与歌迷握手或滑过舞台地板，会把衣服扯裂吗？*所以此时，我尽力表演"迈克尔·杰克逊"模仿秀，丹尼斯则对魔法服拉拉扯扯，仔细检查魔术贴接缝，还用秒表计时，看魔法服多久会撕破。

接下来，我们会在黑暗中完成整套动作。然后，我们在相同的黑暗中跑着完成整套动作，因为在演出期间，我们就会一直待在黑暗里，也必须边跑边拉下迈克尔的魔法服，给他换上"避开"夹克。

表演魔法前，迈克尔会演唱专辑《疯狂》（*Off the Wall*）中的曲目《日夜工作》（*Working Day and Night*）。魔法服的样式取决于演出时的具体曲目（毕竟每次从头组装魔术贴和布料需要很长时间），而魔法服之下，迈克尔上身穿着白短袖，腿上卷着"比利·简"裤子。

迈克尔还请来了魔术师大卫·科波菲尔（David Copperfield）[有时是魔术师齐格飞（Siegfried）和罗伊（Roy）]，为《危险之旅》巡演的"消失"魔术出谋划策。魔法服就是消失术的一部分。上一秒，迈克尔还穿着蓝白相间的尼

123

魔法服

这套一体式分离套装的面料是防撕裂尼龙，一般用于制作降落伞。我们为套装添上铆钉和一条粗腰带，营造出两件衣服的效果。迈克尔踩着它从下往上穿好，再从前面拉上拉链。然而，整套魔法服会从四个接缝处分离，只留一块大的面料，以便下次演出重新组装。

上图：在演出结束后重新组装魔法服是一项艰巨的任务，所以我们会提前备好几套现成的魔法服。

上图：迈克尔跳舞非常用力，会把专门防撕裂的尼龙也撕开口子。

上图：丹尼斯于1988年绘制的风衣草图。
对页图：闪光中国丝绸风衣，内搭《飙》巡演中的"避开"
蛇皮夹克。

龙裤和配套蓝色夹克，站在舞台一侧，几秒后，他竟突然出现在舞台另一侧，换上了黑色风衣，准备用一曲《避开》折服全场观众，这是怎么做到的？参与巡演工作的每个人都必须签署保密协议，保证不泄露我们所了解的商业秘密。

但我可以透露，灯光和炸弹是变魔术最有力的辅助道具。《飙》巡演中，迈克尔会爬下一段通往舞台下方的梯子，一落地就往舞台那边的黑暗飞奔。我紧跟着他跑，一路避开管道和金属网，扯住他的后衣领，把分崩离析的魔法服丢在身后。一到舞台另一边，我们就解开扣着"比利·简"裤子裤管的纽扣，给他火速套上"避开"夹克和风衣，把他挂在升降台的钩子上，让升降台把他重新托上地面……短短 *11秒* 内，这些动作要全部完成。

如果我有时间思考，肯定已经吓坏了。并非每经过一个巡演城市都有机会彩排魔术——我们得在16个月内走遍15个国家或地区，进行123场表演。即使场地设施的布局出人意料，我也设法稳住阵脚，保持专注。我不得不保持专注。我必须赶在某个节拍之前，把迈克尔送到舞台底下相应的位置。如果没做到，我们都得完蛋。迈克尔的魔法必须完美无瑕。如果台上灯光亮起，人却不在，再弥补也没有用了。迈克尔的魔法幻境就再也无法重建。

有一次，我们确实错过了节拍。每逢紧张局面，我和迈克尔哪怕对视一眼都会绷不住大笑，这才有了一条不成文的规定：在此过程中绝不看对方一眼。舞台下面总是很黑暗，伸手不见五指，我觉得在头上绑一个自行车灯会很有用，能在腾出双手的同时解决照明问题。结果那天变魔术，迈克尔从罩着他的大黑盒子里掉到底下来了，扫了我一眼便说："我怎么不知道小矮人万事通来这里干活了。"

唉，这一句话就能让我们错过重现舞台的时间点。迈克尔对着领夹上的麦克风哈哈大笑，直到被我们挂上升降台的钩子才罢休，上台继续表演。

"别再这样逗我笑了，布什！"准备回酒店时，迈克尔如此警告我，钻进车后却依然笑个不停。显然，即使追求完美，时不时也能来点幽默。

下图：1992年《危险之旅》巡演中，迈克尔身着魔法服，与詹妮弗·巴顿（Jennifer Batten）同台演出。

上图：迈克尔1991年巡演团队，照片从左至右依次为：我，卡罗尔·拉·梅尔（发型师），迈克尔·杰克逊，凯伦·法耶（化妆师），以及珍妮特·泽图恩（发型师）。

第七章

下一站

迈克尔总是冷不丁打电话来，要我立刻动身，去梦幻庄园讨论问题。我住在洛杉矶，每次都从家开三小时车过去。他把我叫到身边，有时是让我回顾具体指示和计划，有时却仅仅对我说一句扑朔迷离的反问句。

迈克尔更喜欢面对面交谈，因为面对面才有机会观察对方。他的情商很高，擅长分析别人的肢体语言和面部表情。他无须张嘴，就能判断出你对这个话题到底是感兴趣、不感兴趣还是特别感兴趣。而面对电话话筒，他不知道你有没有在做其他事或对他刚讲的话翻白眼，所以十分忌惮。他只有亲眼看到你，才能确定你的注意力没有被分散，更好地掌控谈话节奏。迈克尔也非常注重隐私。在我和他屈指可数的几次电话会议中，他每次都先问"你开着免提吗？"或者是"还有谁在你旁边？"我怀疑迈克尔从小兄弟姐妹太多，没什么私人空间，这才无比重视个人隐私。

不管怎样，出于对"下一件会是什么？"的期待，我总会怀着激动，开车到梦幻庄园去。

1990年，乔治·H.W.布什总统提名迈克尔为"十年最佳艺人"（Entertainer of the Decade），并由美国电影奖委员会主办典礼并颁奖。此后不久，我去梦幻庄园见迈克尔。从图书馆存放历史、哲学和艺术著作的扩展书架上，他抽出一本书，翻开给我看。只见铜版纸上印着英帝国王冠的照片——它属于英国王室御宝。这顶王冠华丽至极，镶满宝石，璀璨夺目，仅供女王佩戴。迈克尔继续跟我交谈，眼睛却没离开书页。看来，我们是时候制作一件衣服来纪念"最佳艺人"这一里程碑了。

很快，我和丹尼斯就登上前往伦敦的飞机，准备近距离观察陈列在伦敦塔珠宝屋的王冠。如果是在今天，我们上网就能看到王冠的图片，但我估计迈克尔还是会派我们到实地看看。于他而言，我们能全身心参与工作、享受过程才是重点。另外，我们必须目见耳闻，感受英国文化，从中获得启发。很不巧，我们那一趟错过了王冠，也错过了目见耳闻和感受英国文化的机会。我们走进珠宝屋，发现本该装着王冠的防弹玻璃方罩子空空如也，下面有个小标牌写道："外出展示两星期。"

我们刹那间头晕目眩，暗叫倒霉，但没时间焦虑了。我们走遍了伦敦，见到和王冠有关的书就买，还去博物馆里观察其他珠宝。为了获取更多灵感，我们坐在俯瞰海德公园的希尔顿酒店房间里，把白金汉宫好好欣赏了一番。

第130页：在布达佩斯，迈克尔重磅发行专辑《历史之旅》。
对页图：1996年，在《历史之旅》巡演最后一站造型中，迈克尔的护腿镀有18K黄金。

右图：1988年在罗马进行媒体拍摄时，迈克尔尝试了新风格，身着罗密欧造型的服装，十分脑膜。

对页图：（上图）迈克尔的王冠由实心黄铜制成，镀有纯银，重七磅，丹尼斯花了六星期才制作完成。（下图）王冠及其配套服装不是凭空设计出来的。我们制作它的初衷是配合短片拍摄主题，让迈克尔穿着这身衣服，在一尊仿真英国王座上跳舞，但这部电影短片没能开拍。这把椅子约10英尺高，4英尺宽，重300~400磅，迈克尔坐上去，脚尖都碰不到地面。它最后被放在了迈克尔梦幻庄园内部的私宅里，又于2009年11月登上杂志《建筑文摘》（Architectural Digest）封面。

当时，我们手头只有一个黄色便签本，丹尼斯便在便签本上画设计草图。对丹尼斯来说，纸上的画才有价值，只要想画，随便什么纸都行。我们有本名为《英格兰御宝图鉴》（The Crown Jewels of England）的书，里面印有帝国王冠设计图，丹尼斯拿着2号铅笔，对着设计图临摹起来。但他的天才之处不在于款式设计，而在于对工程学的掌握——这是迈克尔衣服穿着合身的关键。丹尼斯知道自己有能力做出一个以假乱真的帝国王冠复制品，但他关心的是，迈克尔戴得上去吗？因此，丹尼斯重点研究了帝国王冠上每颗珠宝的尺寸。要想让这顶仿制王冠适合迈克尔，上面的珠宝必须按迈克尔头部的比例调整，而不能照搬女王的尺寸。

丹尼斯基于迈克尔帽子的尺码，运用各种比例和数学公式，在脑海中设计着这顶王冠。我们一回国，丹尼斯就开启了他最喜欢的工作环节——在这个环节，他可以亲手摸到材料。于丹尼斯而言，研究或构思某个东西，远不如把它做出来快乐。

我们回到洛杉矶后，丹尼斯干的第一件事就是学习焊接。通过书本知识和反复练习，他自学了焊接和打磨金属的技艺，能像专业珠宝匠一样，用纯银制作王冠。真正的大英帝国王冠镶有红宝石、蓝宝石、钻石和珍珠，这顶王冠也在相应位置放上了铅制玻璃（人造珠宝）和人造珍珠。帝国王冠的中心嵌着"非洲之星"钻石，而丹尼斯在这顶王冠中间用喷砂刻出迈克尔的舞足标志，体现出个性化的细节。

丹尼斯连续忙了六个星期左右才正式完工。我们把它交给迈克尔的那天，他正待在位于威尔郡走廊的韦斯特伍德私人公寓里。迈克尔出来迎接我们，身上穿着毛茸茸的长袍，脚上还踩着拖鞋。他虽然看起来放松，语速却很快，说明他自从派我们去伦敦那天，就期盼着这一刻了。"布什，别直接给我看。我需要一些仪式感。"

我们对此早有准备。我们从不仅仅"给"他某一件东西，而是要"展示"给他。我们给餐桌铺上一条红色天鹅绒毯子，开始举行"献王冠"大典。我们把王冠放在毯子中间的红色天鹅绒枕头上，再用白色绸缎盖住它。接下来，就是万众瞩目的揭晓时刻。丹尼斯荣担揭盖使命，白色绸缎揭下刹那，我们三人都后退了一步，对王冠发出惊叹。

迈克尔一言未发——他只是不停地鼓掌。丹尼斯欣喜若狂，这是他应得的快乐。我们问迈克尔想不想戴上试试，他却说还没到时候。

迈克尔送我们出门，我们后脚刚跨出门槛，门就"啪"地关上，随后传来门锁上的声音。

"你知道的，他又上头了。"我对丹尼斯说。之后，迈克尔也对我坦白承认了这点。

除了衣服外，迈克尔还会想要其他东西。每当我和丹尼斯着手制作它们时，都很佩服迈克尔对生活仪式感的态度。迈克尔曾出于大大小小的原因，多次请我们帮他制作纪念品。"十年最佳艺人"奖没有加冕为王那般荣耀，但它毕竟是一项成就，应以同样的方式留下痕迹。他用这种行为，教会了我们为自己喝彩。迈克尔很谦虚，但谦虚不妨碍他重视对个人里程碑的纪念。取得成就的刹那美

上图：我们把击剑衫做成了各种能想到的颜色，可尽管配色众多，金色仍高居榜首，石灰绿色遥居第二。

灵活多动、锋刃相接，深深地吸引了我们。整整三天，我们都在洛杉矶的击剑学院里观看训练和比赛，研究学员肢体如何运动。我们发现击剑不仅高度锻炼手臂，也有步法来回和直刺动作，与迈克尔的舞蹈风格一拍即合。击剑属于英国古代运动，满足了迈克尔对英式风格的兴趣，可谓一箭双雕。

于是，我们买来正宗的白色帆布击剑服，着手设计，让它集传统风格和街头风格于一身，成为名垂青史的宝物。随后，索尼公司为迈克尔拍摄宣传照，著名摄影师赫伯·里兹（Herb Ritts）应邀前来，击剑服造型首次亮相。

传统击剑服上衣的前中部没有开口，只有一排纽扣在侧面扣上，用门襟翻边遮住。击剑服上半截完全贴肤，护住脖子和整个上半身，到胯部则变为"丁字裤"形状，套在白色的高腰帆布裤子外面。裤子长度刚过膝盖（该款式被称为"骑行裤"），长筒袜裹住裤腿。为了体现反叛精神，我们还抛弃传统的白色，转用黑色皮革制作这件击剑服。

我们设计的击剑服也可以用纽扣一路扣上去，但为了彰显反叛精神，我们在胸前设计了翻折的前襟，让迈克尔里面穿的破洞白色T恤若隐若现，仿佛在和观众"躲猫猫"。这个折叠的前襟可以动，深得迈克尔喜爱。每当迈克尔大步走路或跳起舞来，它也随之在胸前摇摆。最后一步，我们加入了自己的改动，把传统的长筒袜换成了及膝长筒皮靴，还用黑色皮革制作面罩。与服装主体相同，传统白手套也被换成黑色。我们还在靴筒里加了护膝，让靴子更立体、更有层次感。穿击剑服就像在玩角色扮演游戏，迈克尔完全陶醉其中。这个造型也迷倒了一大片女歌迷，因为击剑服将迈克尔的身材展现得淋漓尽致，引发无限遐想。

"我想穿着它去巡演。"拍摄结束后，迈克尔说道。

如此一来，我们就要着手改动这套击剑服，为《危险之旅》巡演做准备：击剑服必

妙无比，却转瞬即逝。迈克尔会想方设法，抓住这些奇妙的瞬间，这顶王冠就是他对美好的留念。

英式传统变成潮流

为迈克尔设计服装时，排除法是我们常用手段：还有什么是他*没穿过的*？还有什么是我们*没做过的*？与此同时，迈克尔对英国传统和反叛风格的兴趣日益增加，我们下一项伟大设计中必须尽力体现。

经过不懈努力，我和丹尼斯最终参观了击剑学院——我说的不是铁丝网（铁丝网与击剑在英文中均为"fence"），而是文艺复兴时期的一种剑术——击剑运动，富于浪漫、

上图：丹尼斯的素描桌。

须能防水，易清洁，还可以拉伸。最重要的是，它不仅要在台上显得质感十足，轮廓突出，富有金属光泽，还要足够轻盈，才能穿在其他表演服装下面，以便快速更换。我们选用颜色鲜艳的四向弹力氨纶——金色、红色、银色、橙色、橙绿色和粉色——制作击剑服，又一一拍照，看看哪件最上镜。最后，只有金色击剑服脱颖而出。

击剑是英国的一项贵族运动，就像马球最初是皇室运动一样。《危险之旅》巡演第一站期间，迈克尔换上了击剑服造型。对此，歌迷纷纷来信发表意见。从信件可以看出，欧洲人能一眼认出击剑服，美国人却不了解这套衣服的原型。美国歌迷很不喜欢迈克尔的"尾巴"，这其实是击剑服背部的活动绑带。绑带在尾骨下方扣住整件衣服，扣得越紧，尾巴就越长。于是，他们觉得这带子"太突兀了"，"像个设计纰漏"，并且"让人心烦意乱"。但我们不会在迈克尔的服装设计上犯错误。传统击剑服就这么穿。整套造型中，迈克尔反而最喜欢那条"尾巴"。他跳起舞的时候，"尾巴"也跟着摆动，俨然成为身体的一部分，他最想知道是否会有人注意到"尾巴"这个细节。令他高兴的是，歌迷注意到了。

下图：原版击剑夹克提供了设计板型。

上图：赫伯·里兹摄影作品中的击剑服草图。该草
图由丹尼斯绘制。
右图：赫伯·里兹摄影作品中的造型十分惊艳。

上图：1992年，《危险之旅》巡演开始之前，我们在迈克尔的更衣室里举行了一场见面会。给他穿好衣服后，我与他合了张影。拍完照，迈克尔说我的夹克在向他"抛媚眼"。这张照片现在看来十分宝贵。

右图：看，我们合影后不久，迈克尔就在巡演期间的一场演出中穿走了我这件黑色漆皮夹克。他再也没还回来，这件夹克就变成他的了。

第141-143页图：击剑眼的"尾巴"。

下一副"手套"

迈克尔对每个领域几乎都保持关注，体育界也不例外，但说来奇怪，迈克尔不怎么喜欢看体育比赛。有时候，大家试着说服迈克尔去看篮球比赛，但迈克尔觉得看比赛纯属浪费时间。打球又是另一回事，他曾在梦幻庄园的球场上和兄弟们打过几次。但是谈到球员的穿着，迈克尔就会产生浓厚的兴趣。

1990年，专辑《危险之旅》（Dangerous）录制期间，迈克尔仔细观察研究了棒球接球手的服装。迈克尔认为，既然全美国都看棒球比赛，每个美国人都曾有过或戴过棒球帽，为什么不再考虑下棒球服呢？他问道："谁说只有接球手才能穿护腿？凭什么别人不能穿？"作为回应，我们用金属给他做了一副护腿。这副金属护腿与骑士盔甲的质地相似，棱角分明，增添了叛逆的色彩。

在洛杉矶道具师朋友的帮助下，我们拿一副普通塑料护腿切出模具，再灌铜铸型。我们之所以选择铜，是因为金、银和铬金属镀层都能牢牢吸附在上面。普通塑料护腿一般是平的，有大约5条带子把它绑在腿上。然而，我们的模具一点也不平，上面有凹口，也有凸起，有反光平面，也有弧形曲线。有了这些，护腿才能更突出、更立体，在舞台上捕捉到更多光线。模具还必须根据迈克尔的身材调整。这个模具的原型是美国职业棒球协会的护腿，适合体重190磅左右的男性佩戴，但迈克尔仅重120磅，若不按他的尺寸调整，就会显得特别笨重。迈克尔不惜一切代价保持身材，就是为了在舞台上展现出舞者特有的纤细体形，决不能被护腿拖累。固定护腿一般只需3条绑带，但我们在最后阶段增加到了9~12条绑带来把它绑紧。

迈克尔走到哪里都戴着这双护腿，这双护腿便和"比利·简"手套一样，成了他的个人标志，相当于"下一副手套"。

上图：迈克尔护腿的塑料真空成型模具分为4~5个部分，由松紧带绑在一起。因为迈克尔左腿的定制护腿模具。

上图：迈克尔的护腿材质和款式都不尽相同——有的护腿表面镀铬，仅饰以18K黄金，《历史之旅》巡演造型护腿则全部镀上18K黄金。

追寻法老

1992 年的一天，我例行公事，开车去梦幻庄园，去取迈克尔的睡衣，他想绣上他的个人标志。我正准备离开的时候，迈克尔突然叹道："埃及的珠宝真美，不是吗？"接着，他递给我一本在他的图书馆里恰巧碰到的收藏版画册，上面讲的都是埃及文化。迈克尔指着作了记号的几页说："埃及珠宝拍照这么好看，是因为用的都是纯金，对吧？"

我点头同意，但我其实对埃及文化和埃及珠宝都不太了解，只是盯着他所指的书页，呆看了几秒钟。我当时肯定在想其他的事情，把书一丢，打包收起迈克尔要改的衣服，就拿着回家了。

一个月过去，我又来到梦幻庄园，行"送衣服拿衣服"的惯例。这时，迈克尔告诉我，他决定在下一部电影短片使用埃及主题，并已构思了一段时间。我懊悔不迭，恨不得敲自己一记脑壳。我怎么会没读懂他的暗示呢？早知《铭记此刻》（Remember the Time）电影短片的主题是埃

及，我上次回去就会花一整个月来研究埃及了。

我到家后告诉丹尼斯，我们的"下一项设计"要把迈克尔包装成埃及人。在一月之内，我们要做完研究、设计草图、制作服装，并做好点缀。我们没时间去埃及旅行，便即刻照常投入研究——去图书馆看书、参观博物馆、看电影、找专家访谈。

迈克尔身为"主谋"，最为上心。他打电话来，问我们见没见过尤尔·布林纳（Yul Brynner）在电影《十诫》（The Ten Commandments）中的造型。"我给你们寄一盘录像带看看。"

我们打开录像，紧盯着尤尔。可他的造型有好几十种——迈克尔想要哪一种？我们暂停录像带播放再重放，研究是什么给了迈克尔启示让他选中这部电影。答案这时才浮出水面：他喜欢的，是尤尔·布林纳饰演的法老拉美西斯二世（Rameses II）在奴隶战车上戴的首饰。我们后来才知道，它是一种胸饰项链（gorgerine，土耳其语），由金属圆盘串在一起，戴在胸前。这条项链简直是迈克尔风格的范本。我们明白，它才是迈克尔想要的电影短片造型。

我们仿照尤尔·布林纳，给迈克尔做了一条镀满 18K 黄金的项链，还在黄金镀层上镶嵌了人造红宝石。然而，项链本体仅由黄铜片制成，十分轻巧。我们延长了项圈，显得迈克尔胸部更宽，又用大小不一的装饰品拼出羽毛般的效果。我们把成品拿给他看时，他欣喜若狂，大喊道："我居然能穿上这么好看的东西，真不敢相信！"

我们研究发现，由于沙漠气候炎热，埃及无论男女，上衣都穿得很少。《铭记此刻》电影短片的伴舞和演员［著名影星艾迪·墨菲（Eddie Murphy）也有参与］都衣着暴露。但迈克尔有皮肤病，得把身体盖住。电影短片导演约翰·辛格尔顿（John Singleton）想让迈克尔的造型在突出的同时，与其他演员大致相似。设计演员服装的另有其人，但约翰知道我们才是迈克尔的设计师，便找到我们，说他想让迈克尔穿上整套"埃及盛装"，图坦

右图：当我们为《铭记此刻》短片制作迈克尔的头饰时，我们怀疑他不会喜欢它，但从未想过他会把它藏起来。

卡蒙法老式的埃及传统头饰也不能少。迈克尔则坚决不戴头饰，他说："没门儿，布什。"

我们还是把头饰做了出来，但在拍摄的第一天，它就不见了。一帮负责失物招领处的工作人员涌进来，把环球影城翻了个底朝天；我断定是掉在来影城的路上了，便惊慌失措地打给丹尼斯；而丹尼斯当时也没闲着，正在家里车道上反复搜寻。20分钟后，我们还是没找到，只能直接开始拍摄。影片拍完后，迈克尔回拖车里换衣服，我进去和他碰头，只见那顶头饰静静躺在床边的椅子上。"如果头饰不见了，我也就不用戴了。"想好了办法，迈克尔便自己把它藏了起来。

拍摄了一系列电影短片之后，迈克尔对黄金情有独钟，觉得黄铜看起来很廉价，光泽也消失得太快。"若要营造真的效果，本身就要用真的。"他解释道。得知埃及人只穿真金后，迈克尔也开始给衣服的配饰镀上18K黄金。

从那以后，迈克尔衣服上凡是貌似黄金的饰物，都无一例外是真金。他衣服上警徽之类的饰物也不再用黄铜或涂漆塑料制作，一律改为18K镀金的黄铜制作。你可以想象成本增加多少。越来越多的人打电话来，让迈克尔少用些黄金，但我们必须承认，黄金的确充满魔力，吸引了观众的眼球。黄金为迈克尔非同凡响的气质添砖加瓦——无论是给迈克尔打造形象还是扩大气场，无论是突出某个舞蹈动作，还是弥补缺乏舞蹈动作时的效果，我们都离不开黄金。黄金成为迈克尔服装设计中的下一位宠儿。

以1996年布拉格的《历史之旅》巡演为例。到了最后一首曲目，迈克尔走路的动作变多了——连续唱跳两个半小时，外加表演魔术，谁不想休息一下？于是，我们用黄金把观众注意力转移到他的腿上，制造出迈克尔一直在跳舞的错觉。这听起来有些反常，要让观众忽略腿部，一般都会给上半身加上浮夸显眼的配饰。但迈克尔总是在台上昂首阔步，腿上的18K镀金板不断闪烁，看起来像永不停止的跳舞机器。

锦上添花的是，金色护腿风格前卫，完美迎合了《历史之旅》巡演的主题。巡演开场时，迈克尔乘着太空舱"穿越时空"，降临舞台，身着铬金属套装，正式拉开演出帷幕。这副黄金护腿，便成了开场"穿越时空"表演最好的预告片。黄金护腿只是《危险之旅》专辑造型中的皮革护腿的升级版，但同样的造型一有了它，就会给人以焕然一新的感受。

飞越太空

在迈克尔所有造型中，最受全世界歌迷关注和青睐的，就是《历史之旅》巡演开场的铬金属套装。演出开始时播放了一部电影短片，讲述了迈克尔乘坐太空舱穿越时空的故事。他纵览世界七大奇迹，经过重大历史时刻，最终在1996年着陆，伴着歌迷的尖叫声走下时光机。迈克尔想要表现未来主义，但不愿穿太空服、戴宇航员头盔，因为宇航服太臃肿，让他无法舞动。而迈克尔还是杰克逊五人组组合成员时，曾于1973发布歌曲《跳舞机器》（*Dancing Machine*）的音乐短片，短片里有一位性感勾人、不停跳舞的女机器人，她就是那台"跳舞机器"。迈克尔受电影短片启发，对我们说："我想要一件铬金属做成的衣服，能把我全身都盖住，还能穿着它跳舞。"

大家立刻表示反对，觉得迈克尔没法穿

着金属制成的衣服跳舞。更何况，这样做太危险了。连我和丹尼斯都劝他说，全部用铬做成的服装十分笨重，一旦摔跤就会受伤。但迈克尔确信，只要能定制，就一定没问题。我们便开动脑筋想，*肯定有别的办法。谁说它非要是纯金属的？* 迈克尔坚持己见，现在他的意见也变成了我们的意见。

迈克尔把日本艺术家空山基（Hajime Sorayama）的作品集借给了我们，让我们找找灵感。空山基开发出了一种充满生命力的机械艺术形式，索尼公司设计的著名"艾博"机器狗（"AIBO"dog）便以此为蓝本，现收藏于纽约现代艺术博物馆（the Museum of Modern Art）和华盛顿史密森学会（the Smithsonian Institute of Technology）。20世纪70年代末，空山基设计出了一些女性机器人，一举成名。这些女机器人的比例构造与真人相同，只是全身都仿佛熔银铸成。她们还有专门的称呼，叫作"性感机器人"。如果我和丹尼斯能像空山基设计"性感机器人"那样，给迈克尔设计一层金属皮肤，那我们不仅能完成任务，还能超额完成目标。

我们找来一种箔面双向弹力氨纶面料，根据迈克尔的尺寸贴身裁剪。这种材料轻薄如纸，重量微乎其微，能完美替代闪闪发亮的铬金属。在灯光下，迈克尔仿佛涂了满身的铬和银，和空山基的机器人一模一样。

迈克尔所有的巡演服装都有复制品备用，而铬金属套装的复制品最多，因为套装的箔面很快就会被撑破，失去光泽，露出里面藏青色的氨纶面料。由于这种面料可能不够用或停产，我们把现货都买了下来——总共约有一百码。我们要保证这次巡演面料够用，还要保证以后的巡演面料足够。另外，与"颤栗"夹克和"避开"夹克一样，如果铬金属套装也成为迈克尔的标志造型，我们还得保证十年后的巡演面料够用；不然，我会担心得睡不着觉。

最后，我们为铬金属外套做了一个坚硬的外壳。我们准备制作一个无比贴身的胸甲，

绝对看不出它其实是硬塑料，而非金属。我们根据迈克尔的尺寸做出模具，选了一种真空成型的金属面高韧性塑料，用钢锯按模具切割出来。接着，丹尼斯用砂纸把塑料磨好抛光，送去镀铬。在这之前，我先给迈克尔戴上未镀铬的白色塑料胸甲，让他以最大的动作跳舞，又尽量把腿踢到最高，好评判出胸甲还有哪里需要改动。迈克尔一站定，我就拿黑色记号笔在白色塑料上作标记，让丹尼斯按修改建议，进一步调整胸甲形状。

虽然迈克尔穿着的只是塑料，但他已然想到最终成品的样子，眼里闪烁着期待的光芒。接着，他突然问道："布什，什么时候轮到我？"

顶部图：铬金属套装。

上图：铬金属套装的裤子先用李维斯牛仔裤打板，再用金箔面氨纶面料制作。

上图：铬金属手套制作前后对比图。图中，除了准备镀铬的塑料零件外，其余米色纸张都是手套黑色皮革衬里的纸样。这些衬里不仅能匀勒出手套的线条和形状，还能让易碎的塑料面更持久。

"轮到你什么？"我在样板下面画了一条较低的线。

"轮到我来在你身上画线？"迈克尔从我手上抓过记号笔，像摇喷漆罐子似的甩了甩。

于是，试衣结束后，我和迈克尔互换位置，我戴上胸甲，伸开双臂站着。这回轮到迈克尔拿着记号笔，亲自在白色塑料上作标记。他生平第一次在塑料上画画，模仿着我的动作，兴奋不已。即使是试衣服这样无聊的事情，迈克尔都能怀着好奇心，从中发掘乐趣。

做一个适合迈克尔的胸甲并非难事。真正的考验在于如何让胸甲便于拆卸。演出开场时，迈克尔会戴着头盔和胸甲冲入布景，大约30秒后，他就得自己把头盔和胸甲都摘掉。为了能让迈克尔不费力地取下胸甲，我们改造了胸甲结构，只需一拉，就会从胸前掉下来。我们还在胸甲里加了一个钩子，用来挂住迈克尔的腰带。这条腰带长三英寸，缠在迈克尔腰上，并用魔术贴粘在左手边。魔术贴如果太多，迈克尔就很难一把撕下来；如果太少，支撑的时间又不够长。除此之外，魔术贴非常纤

细，哪怕迈克尔吸气太重都会崩开，导致胸甲失去支撑，滑落下去。因此，迈克尔只有小心驾驭这套服装，才能顺利完成魔法般的表演。

迈克尔一摘下胸甲，就会抛给台下的我或者某位工作人员。每到这个环节，我都非常紧张。要是他没丢准（这事可能会发生），恰好我又没接住（这事更有可能发生），胸甲的镀铬层就会在地板上摔裂。为此，丹尼斯又做了三个一模一样的胸甲，以备不时之需。

迈克尔的头盔也有三个复制品备用，因为第一个被扔下舞台的就是它，很有可能会摔个粉碎。一个头盔实际上由七个独立的镀铬零件组成：一个在面部，一个在脑后；一个是面罩，用来挡住眼睛；另外两个是耳罩，盖在耳朵上，充当面甲转动的支点。设计"颤栗"造型时期，我们做了和迈克尔尺寸相同的人体模型头，现在正好拿来测量真空成型塑料的尺寸，做成头盔，给丹尼斯雕刻。丹尼斯想把头盔设计得前卫、性感又光滑，又觉得做出来的模型缺乏人类特征，便在上面刻了嘴唇。之后再合上面甲，头盔里就仿佛真的有一个人，看

起来也一点不像一个球了。

这个头盔非常紧，每次演出前，我们都要用鞋拔子把迈克尔的头塞进去。头盔离他的脸越近，越能达到他想要的效果。"我不想当一个穿太空服的人，我想当一个用铬做成的人。"

为了让迈克尔顺利脱下头盔，丹尼斯让头盔背面卡在了后颈上方3英寸左右的位置。比起头盔，它更像个面具，不会被头骨倾斜的部分卡住，可以从下巴直接提到头顶。当观众如痴如醉、为他尖叫时，迈克尔知道头要左右摆动何种程度，才不会泄露头盔的秘密。

制作镀铬头盔的另一大难题，是为迈克尔的头戴式耳机留出空间。巡演场地不同，提供的耳机也不同，所以我们给塑料塑型时，必须假设最坏的情况。我们找来了最笨重、构造也最为复杂的头戴式耳机，戴在人体模型头上，再沿着这个轮廓雕刻头盔——我们必须这么做。1996年，迈克尔在布加勒斯特举行巡演。我们当时只有一个月左右的时间来制作铬金属套装，袖子、裤子和头盔都算在内。头盔用的是硬塑料，无法随意拉伸，复制母版之前，我们必须把它搬到观众面前，看看它能否在发挥舞台效果的同时，又贴合迈克尔头型。谢天谢地，我们一次就做成功了。丹尼斯当时在洛杉矶，我便往他家里打电话，告诉他这个好消息，他就可以开始把整套服装都按原样做三份了。

这件铬金属套装有个不为人知的机关，具体来说，是在胸甲部分。我们在胸甲板胯部的右侧钻了个直径一英寸的洞。一开始钻这个洞，是因为迈克尔打算从"太空舱"里解下一根管子钩在胯部上，用阀门把管子和洞连接起来，再通过这个洞向观众喷射烟雾。在布加勒斯特巡演期间，迈克尔第一次想到了这个点子。"歌迷会很喜欢的，"他兴奋地说，"从没有人这么干过。"

对。这事儿这么简单，难怪没人干过。尽管这个主意听上去荒诞不经，却是典型的迈克尔作风。我很想亲眼看看这个场景，要是烟火特效员再多给些注意事项，迈克尔就说不定付诸实践了。尽管这个想法被扼杀在摇篮里，但迈克尔还有更多大胆的想法与大家分享。我们十分高兴，因为没有迈克尔挑战极限的冲动，就没有我和丹尼斯对新事物的不懈探索。

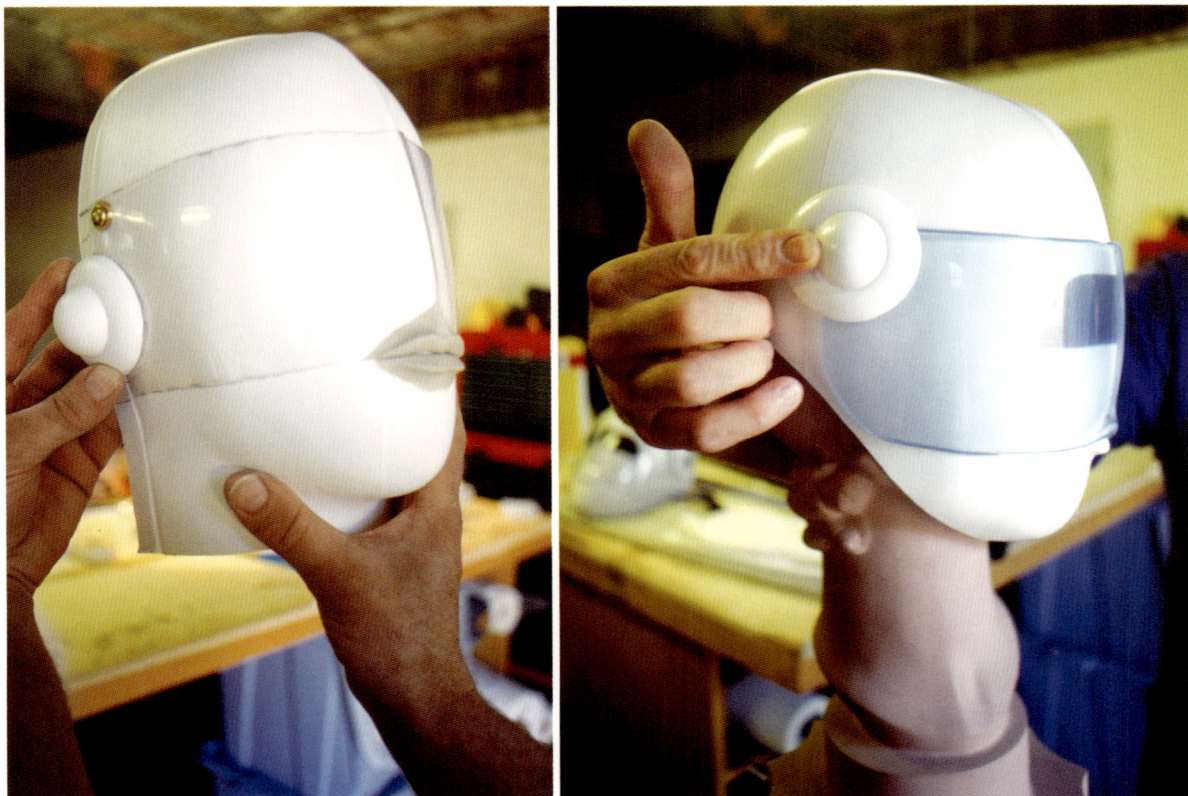

下图：丹尼斯先用黏土雕出嘴唇，让头盔更像人形，又把包住后颈的部分切短，让迈克尔能自己戴上和摘下头盔，不被卡住。

第八章

打破边界

迈克尔常常鼓动我们去"展示我们的作品",或是"让全世界都知道,这些杰作的诞生归功于谁",但我和丹尼斯非常低调,不求名扬四海。我们为伊丽莎白·泰勒做过几件高级单品,还设计了布兰妮·斯皮尔斯(Britney Spears)在《爱的再告白》("Oops . . . I Did It Again")音乐短片中穿的红色连体裤。除此之外,我们只为迈克尔设计服装。结果,无论是好莱坞制片厂厂长还是大腕明星,就连洛杉矶格莱美博物馆的馆长,碰到"布什/汤普金斯(Bush/Tompkins)设计"这样的标牌,都要耸耸肩表示不认识。故事要从这里说起。2009年2月,格莱美博物馆(the GRAMMY Museum)开始展览迈克尔的表演服装。

在展览上,我们碰到了博物馆馆长。展览开放还不足一个月时,我和丹尼斯便听说有的展品是我们设计并制造出来的。工作室里总有无数件衣服和迈克尔的衣服堆在一起,我们想知道,看见自己的作品被单独摆在玻璃后面,是怎样一种感觉。于是我们径直前往博物馆,买了两张票进去,假装游客。我们与普通游客唯一的不同,就是了解展品背后的故事,比如《历史之旅》巡演中的18K镀金护腿是后来换上的;比如2001年10月,"9·11事件"慈善演出在华盛顿肯尼迪纪念球场举行,迈克尔上场之前,让我们去掉了宝石雄鹰夹克袖子上的流苏;再如,某件展品夹克的设计灵感其实来源于"破冰者"牌(Ice Breakers)口香糖的彩色包装纸。我和丹尼斯透过明亮的厚玻璃,目不转睛地盯着那些出自我们之手的展品。馆长见到此景,发觉我们对迈克尔的服装特别感兴趣,便前来搭话。他问我们是不是迈克尔的歌迷。

连丹尼斯这样不喜欢开玩笑的人,都不愿放过这个搞恶作剧的机会。"可以这么说。"丹尼斯干巴巴地答道。

馆长仿佛听懂了暗示,开始发表对时尚的高见,还有对迈克尔·杰克逊造型风格的深刻见解。"时间推移,迈克尔换了一个又一个造型,却依然是当初的迈克尔·杰克逊。"他说,"这真有意思,不是吗?"

我和丹尼斯互相使了个眼色,使劲憋住笑。"当然了,"丹尼斯全身心投入表演,连忙答道,"是的,你说得太对了!你见过他的服装设计师吗?"

"呃,我认得比尔·怀顿,不过他已经去世了。"馆长指着怀顿于1984年设计的"奇幻"手套(the Fantasy gloves)说,"但布什和汤普金斯是谁?我不知道。我连他们的采访都没见过。他们俩就跟不存在一样。可能他们层次太高了,我接触不到。"

我和丹尼斯?层次太高?我们其实没有外界想象的这般神秘莫测,但也不由得享受起这种感觉。我们只是两个工作狂,热爱这个职业,也一直热爱工作,在幕后默默无

上图：我们不止参观了格莱美博物馆的迈克尔服装展览，还去了吉恩·奥特里西部遗迹博物馆（Gene Autry Western Heritage Museum）。在这个博物馆里展出迈克尔的服装，可能会让前来参观西部乡村展品的游客惊讶，展览最后大获成功。展览在2010年8月28日正式开放，这天正好是迈克尔的生日。

闻让我们觉得很舒服。

我们已经拿馆长消遣一番，是该卸下伪装坦白身份了。丹尼斯伸出手，这才自我介绍道："我就是汤普金斯。这位是布什。很高兴认识你。"

馆长激动得像亲眼见了迈克尔·杰克逊本人一样。他方才沉着稳重的形象荡然无存，连珠炮似的问了一大串问题，倒出许多溢美之词，并亲切邀请我们去本周的赞助商宴会上发言。我们想到要对着这么多人讲话就紧张得坐立不安，却又因在展览上回首往事而灵感大发，不愿错过分享幕后秘闻和制衣方法的机会。

迈克尔的服装被博物馆精致地珍藏和陈列出来，仿佛一张张我们三人日常生活的写照。工作室里，迈克尔的套装都七零八落，有的在演出现场被迈克尔丢掉了，有的送去擦洗烘干，落在了另一个大洲的某个酒店房间里。而现在，从列为展品的衣服上，我们头一次看出了迈克尔对我们产生的巨大影响。反之亦然。我们可以欣赏每件展品上面的细节，重温每件展品背后的故事：我们如何追求创新，创新之路如何随着时间演变，我们又从中获得了多少乐趣。

迈克尔是音乐之神，是谜语大师，也是恶作剧之王。但说到底，他是一个发明家，坚信一切皆有可能。受他影响，我们也养成了打破边界的思维方式。我和丹尼斯的团队最初只有我们两人，一个负责设计，另一个负责制作；现在，已成为艺术家和工程师，凝聚着整支队伍心血的展品，最终站上了格莱美博物馆的中央舞台。

倾斜舞步鞋

好莱坞有句俗话："效率越高，失业越快。"我和丹尼斯却是个例外，为了赶出成品，会连续工作30个小时。迈克尔的要求越离谱、越复杂，留给我们创造奇迹的时间似乎就越短。"我们能做到什么地步？"他常常如此发问。他的思维如天空一般无边无际，完全没有"边界"的概念。我从他身上学到，一个人受到限制，要么是自己强加的，要么是他人眼光有限导致的。

电影《绿野仙踪》（The Wizard of Oz）有很多地方吸引着迈克尔——故事情节、影片精神，以及电影制作过程本身的开拓精神。《绿野仙踪》饰演"铁皮人"(the Tin Man)的演员原定巴迪·艾布森(Buddy Ebsen),最终改为杰克·哈利(Jack Haley)。杰克·哈利扮演的铁皮人一边高声唱出内心的空虚,一边前后左右随意倾斜,还能保持稳定,不会翻倒在一堆铁皮之中。这神奇的能力令观众大为震撼。铁皮人的动作非常流畅——迈克尔将要加以完善,把它变成迈克尔·杰克逊的招牌动作。

在1987年的《犯罪高手》电影短片中,迈克尔表演了一种新动作,人们称为"倾斜舞步"。在幕后拍摄道具的支持下,迈克尔能向前倾斜45°而不倒。当导演喊停时,迈克尔激动无比,双眼闪闪发光,媲美钻石。我当时就在片场,把他这模样尽收眼底。接着,他一蹦一跳地返回房车,兴奋地嚷嚷道:"你看到了吗,布什?哦,天哪,这动作真是把我击中了!"

对迈克尔来说,被"击中"是件好事,是一种"登峰造极"的状态。他就此做出了决定。我和丹尼斯负责把这个动作搬上现场舞台。设计还没开始,我就知道,不用任何银幕技巧,便能让迈克尔在台上表演倾斜舞步的,只有丹尼斯一人。

丹尼斯很少来片场,但在拍摄倾斜舞步的那天,他恰好来了。看完全程表演后,他回想起滑冰的经历,以此作为设计切入点。他决定设法把靴子绑高,撑住这个不可能完成的动作。丹尼斯告诉我,他很有信心。"但是,"他也坦白道,"这是我职业生涯中的挑战。"

丹尼斯花了整整三个月来设计倾斜舞步鞋。他反复画草图,又反复修改,丹尼斯的机械工程天赋比艺术天赋更耀眼,直到新发明诞生。这双靴子在小腿中部系紧,能支撑并固定脚踝。靴子外观像一双普通的富乐绅皮鞋,但这只是假象,所有的机关都在底部。鞋底的铁片能与地板上的螺栓锁住。镜子反光能变亮,烟雾见光更迷离,丹尼斯有了这个新发明也信心倍增,便打电话给迈克尔,让他做好首次尝试"倾斜"舞步的准备。

不到一小时,我们就收拾好倾斜舞步鞋和一块钉着螺栓的木板(长宽比例为3:2),临时充当固定倾斜舞步鞋的专用地板,径直前往第一唱片公司(Record One)。迈克尔在录制专辑时,都会在那里暂住。

洛杉矶堵得水泄不通,我们直到晚上七点才到达录音室,这真是大错特错。接待员出来打招呼,提醒我们说七点半《辛普森一家》结束后,迈克尔才会从私人住处下来。丹尼斯气疯了,不过他的心情可以理解。现在回想起来,我不明白,为什么我们当时都对迈克尔的行为感到如此意外。我们本不该抢着高峰时段出门,本不该被发明新事物的喜悦冲昏头脑,忘记了《辛普森一家》在迈克尔心中的神圣地位。

迈克尔显然度过了愉快的30分钟。他喜气洋洋地冲进接待区,见到了焦躁坐立不安的我和丹尼斯。

"你们拿来了什么?"迈克尔一踏进房间,就瞟见了我们的拉杆箱。他当然知道我们送来了新作品,但他必须让我们"呈现"这件物品,而不是像送快递一样丢给他。

"你今天想怎样倾斜?"我问道。丹尼斯则伫立在旁,一言未发。我脱下迈克尔的乐福鞋,

上图:1988年,在堪萨斯城(Kansas City)巡演期间,迈克尔首次穿着倾斜舞步鞋整合。原版"倾斜舞步"地板长30英寸、宽15英寸,装有圆头方领螺栓,锁住迈克尔的初版倾斜舞步鞋。有时我们不在现场指导,迈克尔得自己在这块板子上跳舞,我便在这块板子上写了说明:"迈克尔,你得往这边倒。"

第158-159页:"倾斜舞步"现场。

帮他系上倾斜舞步鞋。我们即将成就一个创举，迈克尔却大吵大闹，说什么也不干。"布什，这行不通。"他挥舞着双臂，像一个不想在周日晚上做家庭作业而跟父母犟嘴的小孩。

这就是迈克尔，再三告诉我们："你们创造艺术，必须获得荣誉！"

"迈克尔，"我尽全力地把语气镇定下来，"别动。我知道你不喜欢这双鞋，但你必须试穿一下。"

"我还有事没做，"迈克尔继续抗议道，"这鞋子是行不通的。"

丹尼斯开口打破沉默，他的声音听上去十分理智，却是在故意刺激迈克尔："如果你不试试这双鞋，迈克尔，我们就永远不会知道效果怎么样。你以前从不质疑新事物，为什么这次要质疑呢？"

丹尼斯这番话仿佛带有魔力，像是对着迈克尔大叫了一声"变！"或"天灵灵地灵灵！"瞬间转变了他的态度。迈克尔通常对新事物坚信不疑，无须他人劝说。这次的情况十分罕见。

迈克尔穿上了鞋。这双靴子与富乐绅皮鞋截然不同，紧紧绑着他的脚踝。当我们以为迈克尔已经冷静下来时，他又发出了质问。

"我要穿着这鞋*跳舞*吗？"

"迈克尔，"丹尼斯命令道，"站在这块木板上。你感觉靴子被固定住了，就把胸挺到最高，收紧腹部，往布什那边倒。"

迈克尔完全照做。他像孔雀一样鼓起胸腔，绷紧关节，横下心来，先向前方倾倒，再回来，大口喘着粗气。尽管我和丹尼斯也亲自穿鞋练习过，但若别人做这些动作，我们永远看不厌。

"我真不敢相信你们能成功！"迈克尔拥抱我们，又理所当然地给了丹尼斯一个额外的熊抱，还拍了拍他的背。

丹尼斯直率地说："迈克尔，我早说过这双鞋没问题的。来找你之前，我们自己亲自体验了一个星期。"

我身上的伤痕就是证据。连续一星期，一天两次，我都穿着这双鞋，扮演着蛋头先生（Hampty Dampty）的角色。每次前倾我都十分痛苦，因为鼻子多半会撞到墙上。一到这时，我就双眼紧闭，眼皮直颤，头向后摆动，身体僵硬，开始便做错了动作。"你可以假装在潜水，"丹尼斯常常如此建议，我则大喊道，"可我根本不喜欢水！"

迈克尔可不是蛋头先生。他穿着这双鞋玩了整整一个小时后，做出了一个富有远见的决定，令我们大吃一惊：*倾斜舞步鞋必须申请专利*。迈克尔想占有这项发明，就是在肯定我们的成果。因此，我们花了两个月来绘制专利文件所需的舞鞋细部图片和详细说明，把文件寄给迈克尔的律师，便继续前往巡演的下一站——东京。在东京，迈克尔将首次当众表演倾斜舞步。

每一次我们把新事物首次搬上舞台，我的胃都会因紧张绞痛不堪。我们不管排练多少次，都不能保证100%成功。1988年2月23日，堪萨斯城巡演如期举行。当迈克尔移动到舞台上装有螺栓的点位，我唯一能做的，就是压下自己紧闭双眼的冲动。

迈克尔动作十分娴熟。在炽热的灯光下，在现场乐队、舞者和成千上万观众向他挥起的手臂之间，他聚精会神，边唱边跳，双脚带着倾斜舞步鞋滑到螺栓上，牢牢扣住。接着，他倾下了身子。他在现场做到了。伴随着倾斜舞步，《犯罪高手》曲目表演点亮了整个夜晚。

迈克尔走下舞台，还在喘着气，他说："你必须把这双鞋给丹尼斯。"

这就像丹尼斯在棒球场上一击挥出全垒打，倾斜舞步鞋就是那只棒球，被还给他以示纪念。我脱下迈克尔脚上的倾斜舞步鞋，又给迈克尔套上富乐绅皮鞋，送他返回台上，表演下一首曲目。整场演出期间，他似乎都在思考一个问题。演出结束后，他一下台就问我："我自己还有一双倾斜舞步鞋，对吗？"

这就是迈克尔的作风。他先替丹尼斯着想，再考虑自己。他要把发明交还给发明人，让真

对页图：倾斜舞步鞋美国专利文件摘录。该专利由我们与迈克尔·杰克逊共享。

US005255452A

United States Patent [19]

Jackson et al.

[11] Patent Number: 5,255,452

[45] Date of Patent: Oct. 26, 1993

[54] METHOD AND MEANS FOR CREATING ANTI-GRAVITY ILLUSION

[75] Inventors: Michael J. Jackson, Los Angeles; Michael L. Bush; Dennis Tompkins, both of Hollywood, Calif.

[73] Assignee: Triumph International, Inc., Los Angeles, Calif.

[21] Appl. No.: 905,479

[22] Filed: Jun. 29, 1992

[51] Int. Cl.⁵ A43B 5/00; A43B 3/00

[52] U.S. Cl. 36/113; 36/1; 36/136; 36/80; 36/132

[58] Field of Search 36/1, 80, 103, 113, 36/114, 131, 132, 136; 482/70, 71, 105

[56] References Cited

U.S. PATENT DOCUMENTS

1,059,284	4/1913	Dennis	36/114
2,114,790	4/1938	Venables	36/132
2,473,099	6/1949	Hatch	36/1
3,889,399	6/1975	Emmett	36/1
4,445,287	5/1984	Garcia	36/114
4,538,480	9/1985	Trindle	36/131
4,645,466	2/1987	Ellis	36/132
4,762,019	8/1988	Beyl	36/131
4,882,858	11/1989	Signori	36/131
5,042,173	8/1991	Blizzard et al.	36/113

Primary Examiner—Steven N. Meyers
Assistant Examiner—M. Denise Patterson
Attorney, Agent, or Firm—Drucker & Sommers

[57] ABSTRACT

A system for allowing a shoe wearer to lean forwardly beyond his center of gravity by virtue of wearing a specially designed pair of shoes which will engage with a hitch member movably projectable through a stage surface. The shoes have a specially designed heel slot which can be detachably engaged with the hitch member by simply sliding the shoe wearer's foot forward, thereby engaging with the hitch member.

13 Claims, 4 Drawing Sheets

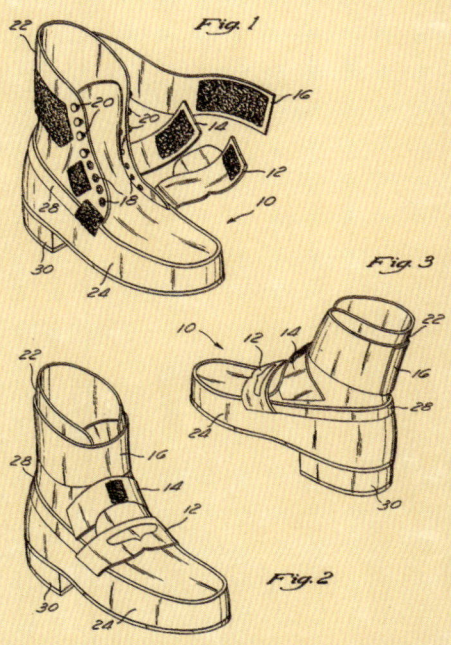

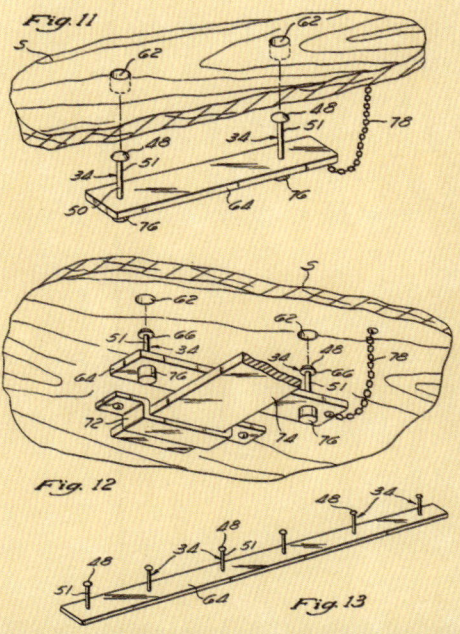

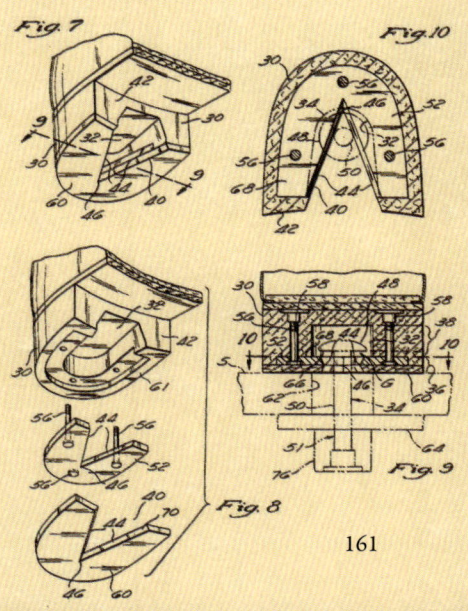

Fig. 1

Fig. 2

Fig. 3

Fig. 11

Fig. 12

Fig. 13

Fig. 7

Fig. 10

Fig. 8

Fig. 9

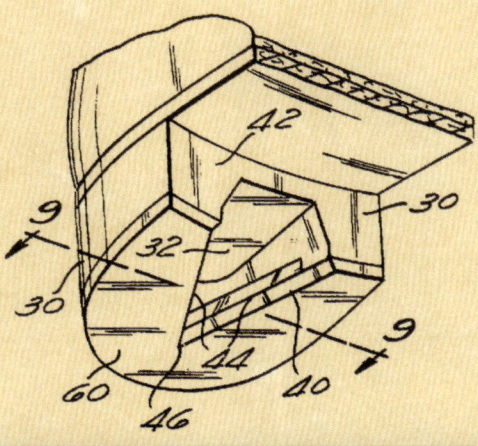

Fig. 4

Fig. 5

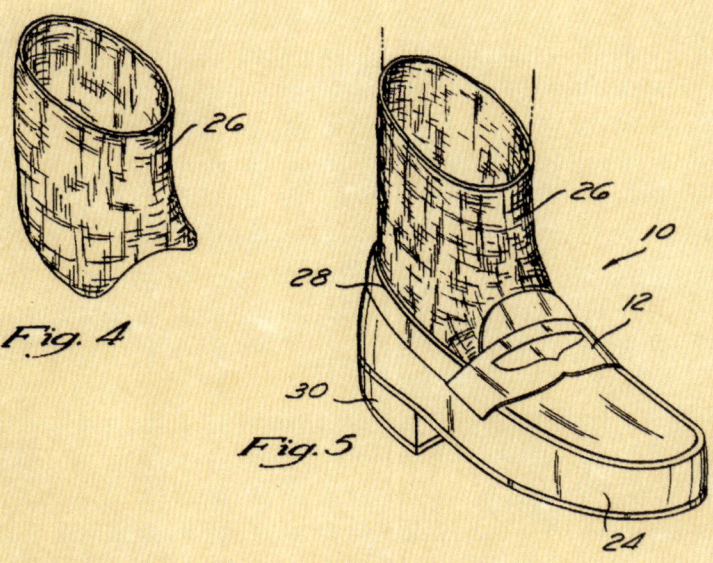

Fig. 6

Fig. 14

161

正的创作者获得荣誉。这就是迈克尔，再三告诉我们："你们创造艺术，必须获得荣誉！"

迈克尔有自己的人生信条。在《飙》巡演十多年后，凯蒂·库里克（Katie Couric）在《今天》（Today）新闻广播报道称，迈克尔·杰克逊的倾斜舞步鞋专利已被公开。之前，迈克尔的经理为了避免专利泄露，每年都要向专利局支付保密费。然而公司有人逾期未付款，专利文件就被公之于世，迈克尔倾斜舞步鞋的运作原理不再是个秘密。我问迈克尔是否对泄密感到生气，他说并没有。

"迈克尔只对艺术家对于人、地点、事件和事物的诠释方式感兴趣，所以他让丹尼斯自由发挥艺术才能。"

"我只想知道为什么，布什，"他说，"倾斜舞步鞋本该保持神秘的。他们为什么要让大家失望呢？"

"迈克尔，我也不知道。"我干巴巴地说。

倾斜舞步鞋专利在网上传开后，我和丹尼斯找到了文件，顿感震惊。文件写着："反重力错觉背后的原理和手段。发明人：迈克尔·J.杰克逊，迈克尔·L.布什，丹尼斯·汤普金斯。"一直以来，迈克尔都在与我们共享这项专利。对我们来说，这一刻非比寻常，代表着肯定，代表我们的艺术创作在未曾料想的情况下，得到了大家的认可。

纪事腰带

1987年的《飙》巡演是迈克尔脱离兄弟后的首次个人演出。日本是巡演第一站，迈克尔从这里出发，给世界各地的观众留下了不可磨灭的印象。到演出落幕，《飙》巡演创下了吉尼斯世界纪录（Guinness Book of World Records），成为史上票房最高的巡演，从1987年9月到1989年1月，巡演总收入累计超过1.24亿美元。

此前，我从未出过美国，更别说从巡演后台走到台前了。因此，为了保证个人巡演首秀

成功，迈克尔耗费的时间之长令我惊讶无比。迈克尔包下了一架大型喷气式飞机，运送22辆卡车才装得下的设备。舞台布景使用了700盏灯、100个扬声器、40台激光器、3面镜子和2块24英尺×18英尺的屏幕。迈克尔的随行工作人员有将近150人，我作为服装师位列其中。外人总把我们称为迈克尔的"随从"，记者尤其这么讲，但迈克尔并不认同。他知道我们大多数人的名字，不曾想让我们跟屁虫似的围着他转。工人、舞台工作人员、技术人员、舞蹈演员来来往往，歌迷们簇拥在迈克尔穿着富乐绅皮鞋的脚边，前后摇摆。我身处其中，被迷得头晕目眩。一尝过巡演疯狂又美妙的滋味，我就被牢牢吸引住了。

《飙》巡演欧洲站接近尾声的一天下午，迈克尔打电话给我的酒店房间，让我立刻给丹尼斯打电话。我抗议道："加州现在是凌晨两点。"但迈克尔对这个时间没有概念。这或许因为他没有养成正常的工作作息，如有必要，他会通宵录歌到黎明。他就算没有在录歌，也很难睡着，因此不具备常人的昼夜生活规律。对我来说，与其说服迈克尔等到洛杉矶清晨，不如直接打电话叫醒丹尼斯来得容易。但我还是试着劝了迈克尔，他则回答说："时间不等人。丹尼斯必须马上知道我*现在*要他做什么。"

迈克尔的指示十分明确，我只得接下这个不讨喜的任务，打电话把丹尼斯拉出梦乡，并传达迈克尔的口信：制作一条讲述迈克尔人生经历的腰带，并赶在他从日本回国之前交到梦幻庄园。哦，还有，这腰带必须有1000年前从罗马挖出来的效果。

迈克尔解释说，他要把纪事腰带当成送给自己的礼物，庆祝他成为名垂青史的个人巡演艺术家，并成功举办独唱首演。除了《飙》巡演的成功之外，迈克尔同时完成了另一壮举，备感骄傲——他买下了一块3000英亩的园地，这座园地就是现今闻名的梦幻庄园。

于是，迈克尔的巡演欧洲站收尾之时，丹尼斯便着手绘制纪事腰带图纸，展现迈克尔生命中的重要人物，捕捉迈克尔人生中的里程碑瞬间。

丹尼斯要学会如何雕刻蜡制模具，再用蜡模铸造纯银，但他并不为此紧张。丹尼斯可以自学任何知识，他担心的是对迈克尔人生事件的筛选。迈克尔做出了那么多创举，他有什么资格，替迈克尔判断哪件事最重要？丹尼斯不会自作主张。他决定，无论迈克尔在何处演出，他都要即刻动笔，并把草图用传真发给迈克尔。离迈克尔定下的最后期限越来越近，丹尼斯开始整夜不停地发传真，画草图，再重新修改，直到他敲定了构成纪事腰带的七个板块。

迈克尔喜欢小天使，因为他对文艺复兴时期的艺术家很感兴趣，米开朗基罗首当其冲。迈克尔认为，米开朗基罗在西斯廷大教堂穹顶上创作的《最后审判》（The Last Judgment）顶画是有史

以来最杰出的艺术品。于是，丹尼斯设计纪事腰带时，在每块银盘上都画了一个小天使来代表迈克尔，由他们展现出迈克尔生活中的场景。

第一块银盘上有五只小天使绕着罗马数字"V"盘旋，代表迈克尔的那个小天使体形较大，位于中心，代表迈克尔打入娱乐圈时，作为杰克逊五人组组合的队长。第二块银盘绘着一只飞越流星的小天使，代表迈克尔单飞后的演艺生涯。腰带的第三块银盘上矗立着灰姑娘的城堡，城堡前有一只小天使正与匹诺曹（Pinocchio）玩耍。这不仅表达了迈克尔对迪士尼乐园（Disneyland）的热爱，还象征着他与伊丽莎白·泰勒的珍贵友谊。匹诺曹是伊丽莎白·泰勒最喜欢的角色；彼得·潘

彼得·潘腰带

1989年，MJJ制作公司（MJJ Productions）请求使用迪士尼公司的彼得·潘（Peter Pan）角色形象制作腰带，并获得了迪士尼的书面许可。我们买来了彼得·潘的周边商品来捕捉图像。彼得·潘腰带的纯银皮带扣长8英寸，宽6英寸，上面刻有彼得·潘，正交叉着双腿吹长笛。在背景中，有一个小男孩坐在月亮上（这也是梦幻庄园的标志），下面有一条缎带写着"梦幻山谷"。腰带上的六块银盘仿佛连成了一部动画电影，每盘都描绘着不同的场景：第一块银盘上，小飞侠温迪（Wendy）正在学习如何飞行；第二块银盘勾勒着彼得·潘画像；接下来的几盘分别绘有捉鬼小精灵（the Lost Boys），老虎莉莉（Tiger Lily），一艘海盗船，还有钩在银盘边缘的海盗船长虎克（Captain Hook）。

则是迈克尔最喜欢的角色。

第四块银盘与迈克尔古灵精怪的一面相对，展现出迈克尔的人道主义精神这块银盘讲述了迈克尔参与录制歌曲《天下一家》（*We Are the World*）一事，上面刻着一只握着麦秆的小天使，他背后是美国之鹰。第五块银盘的寓意则十分明显，上面刻有一只表演太空步的小天使，还戴着莱茵石手套。为了庆祝《飙》巡演开幕的划时代意义，第六块银盘上的小天使正把"比利·简"帽子扔到半空，腿上的皮带和迈克尔在巡演中穿的一模一样。在日本与迈克尔同台演出的黑猩猩"泡泡"就站在小天使身边。第七块银盘是结尾，代表梦幻庄园。梦幻庄园的标志是弯月托着一个男孩的图案，所以在这块银盘上，丹尼斯照搬原样，只是用小天使代替了梦幻庄园标志上的男孩。

以上七块银盘展现了迈克尔1988年的高光时刻，而所有银盘都依托着中间的纯银皮带扣，上面突出着两只小天使，将一顶王冠放在迈克尔名字的缩写"MJ"上方。为了致敬迈克尔的人生事迹，丹尼斯日以继夜地工作，向珠宝制造商寻求指导，自学了脱蜡雕刻。这是一种复杂的古代雕刻技术，用于雕塑和珠宝制作。

丹尼斯提供了几十幅草图，而迈克尔只选了七个场景，并且不想在腰带上增添更多内容了。迈克尔只对艺术家诠释人、地点、事件和事物的方式感兴趣，所以他让丹尼斯自由发挥艺术才能。在迈克尔到家前几天，丹尼斯的工作宣告完成。他把成品腰带铺开在了梦幻庄园图书馆中两个巨大的天鹅绒枕头上。

迈克尔看到腰带，惊叹不已。他欣喜若狂，在电话里声音嘶哑，努力寻找合适的措辞，表示他不但钦佩丹尼斯的才华，而且十分感激。但组织好语言之后，迈克尔变得从容不迫，轻声细语，不断重复着赞美和感激之辞。

"我还以为你会厌倦这项工作，最终失去兴趣，"他对丹尼斯说，"但腰带上的每个细节都表明，你自始至终都很用心。"迈克尔非常害怕这一点：在艺术创作中的某个节点，同伴会从中抽离。他更担心的，是创作者的冷漠或草率之举会在成品身上留下痕迹。

一起来

1988年，迈克尔为电影《月球漫步》录制了歌曲《一起来》的现场表演，这首歌由约翰·列侬（John Lennon）和保罗·麦卡特尼（Paul McCartney）创作，迈克尔拥有翻唱权。对于这首歌的造型设计，迈克尔的要求再具体不过了。

"把它打造成我的风格，布什，但不要和我之前的风格重合。"

《飙》巡演的造型元素全是腰带、腰带扣、警察徽章和骑手服。巡演结束后，我们就逐渐淡化腰带元素，步入研究"迈克尔还没穿过什么"的流程。但《一起来》仍然是《飙》时代的一部分，所以我们需要找到一种方法，在满足迈克尔"区别以往"要求的同时，保持主题不变。

它的造型特点又回到了腰带上。

装饰"飙"夹克的警徽上印着"特别官员"字样，丹尼斯弃它不用，转而在徽章形状的银扣上刻了美国白头鹰和德国双头鹰。鹰象征掠夺者，双头鹰象征力量，而白头鹰象征自由。如此一来，就打造出一条重量级拳击冠军风格的腰带。六个沉甸甸的纯银大盘一模一样，环绕着腰身，给人紧凑结实的感觉。六个大银盘下面压着七个小银盘，在大盘之间交替刻有角叶。丹尼斯还在皮带扣处设计了一对张开的翅膀，长达10.5英寸，正居迈克尔28英寸腰围的中心。为了呼应迈克尔的身体曲线，丹尼斯又用喷灯勾勒出翅膀的轮廓。翅膀上还用涂鸦字体刻了"飙"（Bad）字，镀有18K黄金，更为醒目。

"这套服装的构思不受任何限制，令我们十分兴奋。"

我们为迈克尔设计了一件黄色丝绸衬衫和黑色漆皮自行车夹克，在正面偏中处装饰拉链。这种夹克款式迈克尔不常穿，却没有背离他的风格。我们在夹克上添了一对与腰带大银盘配套的纯银肩章，又按照李维斯牛仔裤的板型裁出一条漆皮长裤，内接缝处缝上氨纶面料。最后，迈克尔穿上了一双"披头士"风格的及踝靴，这双靴子与他在《飙》电影短片中穿的靴子相似，饰有金属鞋尖和锯齿。

这套服装的构思不受任何限制，令我们十分兴奋。通常情况下，我们制作的要么是演出服，要么是可以转化为演出服的服装。但这套造型为拍摄电影设计，所以不必局限于易清洁、携带方便或轻薄的面料。

在我们的注视下，迈克尔身着整套服装，出现在舞台上。开始的节拍响起时，他随着伴奏走来，潇洒地脱下夹克。这一刻，黑色漆皮闪闪发亮，伴随着列侬和麦卡特尼谱写的乐曲，夹杂着我们的期盼与焦虑，点燃了舞台。丹尼斯告诉我，他感受到了自己的存在，他终于可以接受自己艺术家的身份，而不仅仅屈居为一个工匠或裁缝。这时，我的心怦怦直跳。对他来说，和我并肩站在台下的那个瞬间，他的艺术与迈克尔合二为一。

萨巴顿靴子

萨巴顿（sabaton）是骑士盔甲的一部分，覆盖在脚部。直到1991年迈克尔派我们去伦敦参观

盔甲，我们才对这个细节有所了解。

在伦敦塔，我和丹尼斯立在中央，有500多年历史的皇家盔甲将我们包围。我们琢磨着："我们到底来这里做什么？"迈克尔只说要把我们送去英国研究盔甲，却没有透露原因。*你看到了什么？你看到了怎样的效果？*这些都是迈克尔没有问出的问题，于是，我们给每件盔甲都记了笔记、拍了照片：盔甲重量如何，金属在战斗中如何铰接在一起，甚至是战马戴的盔甲。

"我需要一双可以穿着跳舞的金属鞋。"旅行归来，迈克尔便给我们下达了命令。在《飙》电影短片中，迈克尔的定制皮鞋和富乐绅皮鞋一样合脚，饰有金属鞋尖，鞋头和脚踝上都贴着金属片。但根据迈克尔的一贯作风，他只想把金属装饰从鞋尖扩展到其他地方去。他想知道做出多大改动才能有所创新，换上不曾试过的造型。他决定穿一双专属于他的纯银萨巴顿。

我和丹尼斯研究了足部解剖图，以便尽可能快和多地了解设计靴子所需的知识。足

第166~167页图：雄鹰翅膀中间的最宽部分是长10.5英寸，宽5.5英寸。皮带宽3英寸，银盘则宽3.5英寸。

第168~169页图：我们花了两个月的时间制作"飙"造型腰带。

部结构和足部弯曲的位置（脚趾和跟腱的顶部）尤其重要。迈克尔想要一双萨巴顿风格纯银靴子，但我们清楚，如果金属不能弯曲，靴子就会硌脚，很难穿着走路和跳舞。

我们把这个难题交给了特效组和道具组的朋友。我们告诉他们说，我们准备打造一双纯金属完全包裹的披头士风格的皮靴。"没办法，"大家都如此回答，"金属没有弹性。它不可能沿着足部轮廓弯曲。"

但是我们没有放弃。丹尼斯又转回研究骑士盔甲。萨巴顿靴子不可能是完全平坦的；骑士总得弯下脚走到马前，备好马鞍。丹尼斯花了数星期时间研究书籍、设计草图，最终发现了一种让金属活动的方法。

我们拿着丹尼斯的草图，前往谢尔曼橡树岭（Sherman Oaks）的第一唱片公司，见到了正在录制专辑的迈克尔。"我知道怎么做出你能穿着跳舞的金属靴子了，"丹尼斯把设计图纸递给迈克尔，"你看一看。"

迈克尔盯着设计图，假装搞懂了这双丹尼斯分析好并即将着手制作的靴子背后，有怎样的科学原理。"你有四个星期的时间。"说完，迈克尔拿着草图，把最后期限又写了一遍。即使迈克尔不必在特定日期之前拿到成品，丹尼斯也会把制作时限缩短，因为他觉得设计时间过于宽裕，设计师可能会感到无聊，甚至妄加猜测，过度思考，怀疑自己的直觉。我们不知道他要这双萨巴顿靴子做什么，但这并不重要。重要的是，我们只有四个星期的时间制作，而时间已经开始流逝了。

我们根据迈克尔的足部尺寸，制作了他的足部模型，让鞋匠按照模型制成了披头士皮靴。在用铝箔纸和胶带包裹住皮靴后，在我们在观察到的足部关节活动位置，丹尼斯用记号笔画出垂线，标记出脚趾线和跟腱处。接着，他拿出一只剃须刀片，沿着标记线切

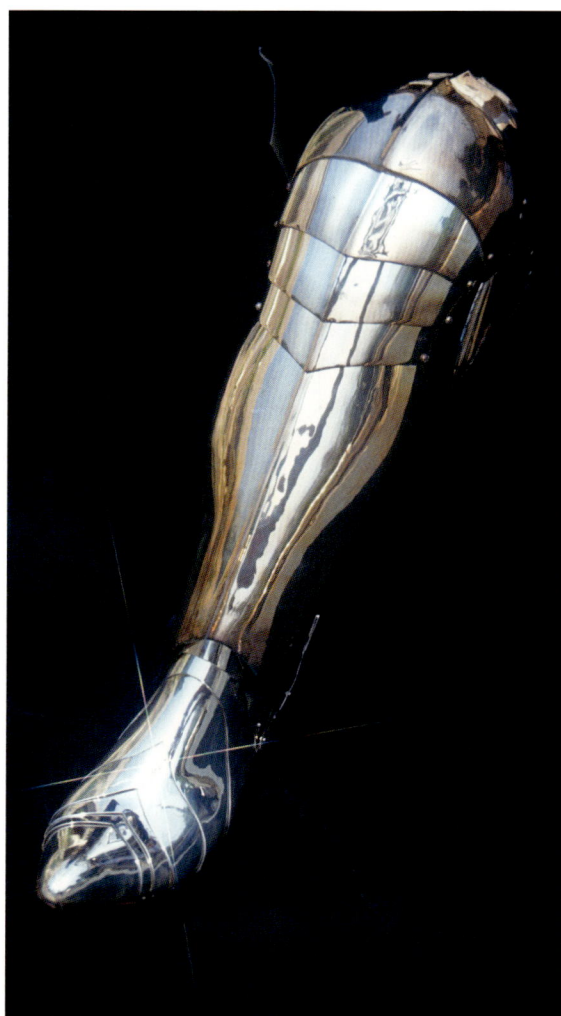

170

割箔片作为模板，并按照它切出一套新的锡制靴子零部件。他在锡片上打孔，用水晶别针把零件连在一起。

每个锡片的厚度均为1/4~1/8英寸，从脚踝一直包裹到脚趾。每个锡片都与下面锡片重叠，如同屋顶上的瓦片。这样一来，每个锡片都能压着上面的锡片滑动，给足部弯曲的空间，外观还会让人产生固体金属的错觉。盔甲下面的披头士皮靴是方形鞋头，锡制靴子模型的鞋头也被做成了方形。然而，我们把锡制靴子拿去第一唱片公司给迈克尔看，他却说想用尖尖的鞋尖拉长脚型。丹尼斯把反驳的话咽回肚子里。后来他告诉我，迈克尔肯定不接受反对意见。于是，他像一个刚被下命令进军的士兵，坚定地答道："我过几天就回来。"丹尼斯不得不从零开始，只用三天，便设计出一双尖头的锡制靴子。

用模具铸造纯银材质之前，丹尼斯想看看这双鞋是否舒适。如果用纯银做好靴子，却发现迈克尔根本没法穿，不仅有风险，而且代价昂贵。于是，丹尼斯用18号钢做了一双重10磅的模型靴，用于测试。

我们当时在华盛顿特区的麦迪逊酒店，再过几个小时，迈克尔就要访问白宫。我举起靴子，迈克尔盯着它们，像盯着一个圣诞礼物。他好奇地把这双萨巴顿靴子打量一番，为钢铁完全藏住皮靴的样子着迷不已。他确实抱怨金属太粗糙，说它看起来像从垃圾场捡来的。我则提醒道，成品会是纯银质感。我帮他套上靴子，他绕着房间走了一圈，转过身来，向我摆出一个"赞美上帝"的姿势，喊道："效果真不错！"

丹尼斯花了大约七星期的时间，做出了一双完美无瑕的靴子，还找制作纯银的专家提供指导。我们没有犯错的余地——纯银太贵了，不能像黏土一样草率处理。一步错了，就要从头再来。丹尼斯通过焊接、混合和缝合手法，把皮革和金属融合在一起，不露痕迹。迈克尔穿上最终成品，就会给人一种穿着纯金属鞋走路的错觉。

我们为迈克尔呈上了纯银靴子，迈克尔一看到它们，就松了一口气。"这双靴子像珍宝，"他一边说，一边盯着靴子光面映出的自己，"我就知道你们能行。谢谢你们。"

从模具到金属

银色萨巴顿靴是迈克尔一项颇为大胆的时尚创意，但制作过程困难重重。丹尼斯恨不得拿画板换一整套工具回来，因为我们用了许多工具，才把普通的披头士靴子变成独一无二的发明。

上图：丹尼斯的萨巴顿靴设计草图，迈克尔在上面用蓝色墨水写"时间：4星期"。

上图：在华盛顿特区，迈克尔穿着18号钢制萨巴顿靴模型出席活动。

上图：为完成萨巴顿靴而制作的各种零件模型，以及初版锡制萨巴顿靴模型。

上图：披头士黑色皮靴上的金属装饰。

To Dennis and
Bush
love
Carugass

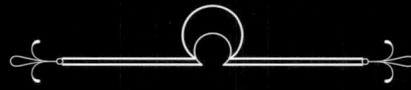

第九章

无果而终

2005年，迈克尔·杰克逊经历了长达14星期的庭审。我每天都为他穿衣，眼睁睁地看着他与复杂冗繁的指控作斗争，精神逐渐崩溃。迈克尔唯一的罪过，就是相信人性本善。这些年来，他变得孤僻疏离，愤世嫉俗，疲惫不堪。我想念我的朋友迈克尔，他不再用拉链演奏音乐，也不再大声嚼口香糖。

2005年，迈克尔离开美国，在巴林岛定居。得知此事，我的第一反应便是：噢，感谢上帝！他成功摆脱了！尽管迈克尔被同行组成的陪审团宣判无罪，但媒体仍在窥探，来回搜寻线索，想证明他性格变态，犯下罪行。迈克尔表现得无比坚强，忍受了法庭内外的人身攻击，还能返回家中，履行作为父亲的职责。我希望他离开这个国家、逃离好莱坞圈子之后，能重获自由，重塑自我，为他只有三岁、七岁和八岁的三个孩子提供幸福安全的生活。

迈克尔没有与我们正式道别，我们不知要过多久，才能再次联系上他。

与此同时，我和丹尼斯花时间重新规划了我们自己的生活，把家里装修一番，还为拉斯维加斯的几场小型演出设计了服装。我们在拉斯维加斯受到了文化冲击。在迈克尔这样的完美主义者手下工作之后，我们也时刻以完美的标准要求自己，这个习惯很难改掉。我们发现拉斯维加斯的团队缺乏职业道德，十分失望。对于拉斯维加斯的同事

们来说，演出不是生活方式，而只是一份工作。

回到好莱坞，我和丹尼斯被归类为军装设计师，"自由女神穿上都能去打仗"。流行音乐催生出新的媒体和新"艺人"，他们声称，我和丹尼斯会设计的只是军用夹克而已。我们的声誉每况愈下。而2005年后，随着娱乐产业逐步数字化，音乐界的格局也发生了变化，艺人有独家设计师定制服装的时代正式结束。迈克尔也不可避免地有了改变，他越来越注重家庭，与普林斯（Prince）、帕丽斯（Paris）和布兰基特（Blanket）三个孩子共度时光。我们曾经和迈克尔开玩笑，谈到我们三人到了暮年，迈克尔可能会表演"老年版比利·简"，丹尼斯则会在迈克尔的拐杖上装上火箭助推器，我就把拐杖缀满莱茵石。

直到2009年，我们才接到迈克尔的电话。迈克尔一贯的神秘风格没变，听筒那边传来的声音干脆利落："迈克尔要回归巡演了。来吧。他需要你们。"

第174页：2009年6月25日，排练结束后，迈克尔在丹尼斯的"比利·简"造型服装草图上签名，并送给了我。
对页图：迈克尔很喜欢丹尼斯为伴舞设计的服装草图，我们便按草图给他做出夹克，并根据他的风格特别加以点缀。

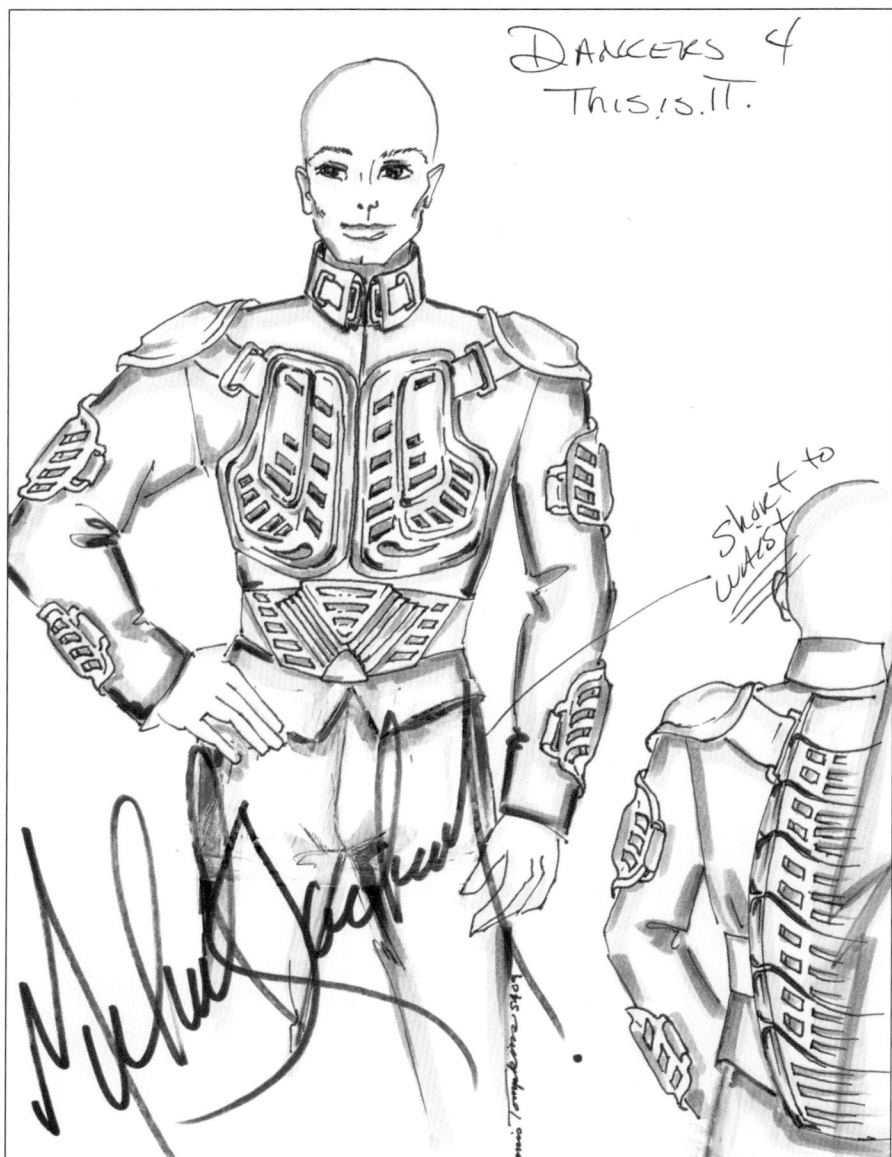

DANCERS 4
This is it.

Skart to waist

上图：迈克尔想要的那件开场曲伴舞夹克草图，该草图由丹尼斯绘制。

就是这样

我们在洛杉矶伯班克的中心舞台（Center Staging）举行了《就是这样》（*This is it*）巡演首次会议。这是四年来我第一次见到迈克尔。很难相信我们都50岁了，只有我运气不好，老了之后最难看。迈克尔穿着风格独特的制服，头顶软呢帽，戴着墨镜。他一走进房间时就径直向我走来，握住我的手，并鞠躬致意。他摘下了墨镜，尽管已经几年不见，从他眼中，我看出两人之间依旧没有隔阂。他眼里闪烁着光芒，似乎在说："系好安全带，我们要出发了。"这感觉丝毫未变。像过去一样，我们回归了熟悉的快节奏，只是这一次，我们要以超音速做准备——在我们和迈克尔共同准备的四次巡演中，这次的时间最紧张。当时是5月，巡演发起人希望在7月之前就绪。我们只有两个月的时间把一切都安排好。

迈克尔对参加演出本身和巡演计划都感觉不错。一天晚上，迈克尔打电话来，问为媒体拍摄准备的"比利·简"服装的草图有没有画好。他在电话里兴奋地告诉我："我能向孩子们展示我到底做什么工作了。"他听上去很乐观，对往事蜻蜓点水般的态度表明，他的确能安全回归原来的环境了。其实，迈克尔在歌迷面前最有安全感，也最快乐。迈克尔于2001年在麦迪逊广场花园举办了最后一场演唱会，距现在已有八年。对于一个靠吸取现场表演能量而生的人来说，八年实在太久太久。

迈克尔不再在深夜打来电话，这无疑是很受欢迎的新特点。由于家里有三个孩子，迈克尔无法再于凌晨三点录歌，或在晚上十一点练习舞蹈动作。然而，这只是我们在准备巡演期间注意到的诸多变化之一。

其他的变化还有很多。例如，《就是这样》巡演有四位服装设计师，首席服装设计师负责监督迈克尔的主要造型，而这个职务已不再由我和丹尼斯担任。我和丹尼斯负责设计七件服装：《犯罪高手》（迈克尔和伴舞）、《你给我的感觉》（*The Way You Make Me Feel*）、《避开》、《你会守候在我身边吗》（*Will You Be There*）、《无法停止爱你》（*I Just Can't Stop Loving You*）二重唱和终曲《镜中人》（*Man in the Mirror*）。由于"首席设计师不为伴舞设计服装"，给男性伴舞设计服装的工作就轮到了我们头上。我们一直觉得迈克尔就是舞者中的一员，但我们没有多话，直接切入首要工作：陪在迈克尔身边。对我们来说，这场巡演不是好莱坞流水线；我们肩负重任，要给我们最好的朋友设计出接续往日风格的造型。剩下的两名服装设计师负责设计其他演员和女性伴舞的服装。我仍然是迈克尔的服装师，大家都觉得很正常，因为迈克尔表示，要是没有我，他决不上台。

到目前为止，设计"避开"夹克是最大的挑战，它也无疑是我们献上的最佳作品，因为我们将魔法成功运用到了迈克尔的衣服上。迈克尔还是老样子，想出了新的魔术动作：让"避开"夹克自燃。到最后一首歌，他就会把

上图及右图：在《黑与白》曲目造型中，我们重新设计了这件面料丝滑的衬衫，热压印制了泛着反光金属色调图案。肩膀上的翅膀包裹左臂，营造出翅膀宽阔而绵延不断的错觉。这件衬衫的尾部比迈克尔之前的巡演衬衫长6英寸，更有活力，也更具流动效果。

上图：在《无法停止爱你》曲目造型中，服装内衬的面料常用于墨西哥低底盘汽车的内饰。这种布料很难驾驭，它的设计初衷并非制作服装，很难裁出贴合人体的效果。但丹尼斯成功地做到了。这件夹克只要捕捉到光线，就会变换颜色。这套造型富有冲击力，看上去很重，实际却没有任何重量，最终定为演出服。

上图：《你给我的感觉》曲目造型采用了这件宝石蓝中国丝绸衬衫，上面热压有王冠、狮子和小天使。我们知道迈克尔会喜欢这些流行图案。

夹克扔到舞台另一边，把它献祭给摇滚乐，让黑红相间的标志性拉链自己燃烧起来。这是一个好主意，除非满足以下三个条件：（1）我们要举办十场巡演，正好只做十件夹克；（2）我们有充足的时间制作一个点燃火焰的遥控装置；（3）自1984年为百事公司拍摄广告以来，迈克尔一次都没被烧伤过。但是现在，十场演出增加到了五十场，我们还要找到能通过英国消防法规的面料。不利因素很多，但我们却因此动力倍增。

然而，我们委托的演出服装店都拒绝制作

自燃夹克。没有谁想为烧死迈克尔·杰克逊负责。因此，靠着长期跳出思维定式思考培养出的能力，我们找到了其他供应商，他们售卖由间位芳纶面料（Nomex）制成的阻燃赛车连体衣。由于特效和特技业务在好莱坞非常发达，我们轻松拿到了足以制作50件夹克的间位芳纶。

观看排练时，我们和往常一样评估了迈克尔的需求。比起其他设计师，我们占有优势，那就是知道迈克尔如何现场表演，有能力做出什么，又能自发到什么程度。我开始担心迈克尔的衣服能否在演出期间充分发挥作用，又能否适合他。我看到有人推着一个架子进来，上面有九双不同的鞋子（没有一双是富乐绅皮鞋），一条黑色皮裤和一副光纤制成的"比利·简"手套，它必须由迈克尔手动打开开关。

我向丹尼斯诉说了忧虑。如果迈克尔在演出途中看向我，着急地要我修理什么东西，那么我作为他的服装师，就有必要准备备用方案。

备用方案准备得越早越好。在《就是这样》电影短片中，迈克尔穿的红衬衫大部分都是丹尼斯的。迈克尔排练和正式拍摄一样卖力，因此总是大汗淋漓。但他要立马换上一件干衬衫时，却一件都没有。我十分抓狂，打电话给丹尼斯，丹尼斯便从自己的衣柜中取出所有的红衣服。当时，他碰巧有一件红色衬衫，上面有一头狮子和一顶王冠。丹尼斯把它和另外三件衬衫一起扔进一个袋子，把袋子送到英格尔伍德广场上的排练地点。

当我走去给迈克尔换上干净的红衬衫时，他一下子看到了狮子和王冠，这纯属意外。也许丹尼斯买下它时，是潜意识地想到了迈克尔对它们的喜爱。

"布什，你怎么知道我喜欢这个？"迈克尔如此问道，仿佛过去25年间，我一直迎合他喜好的习惯从没存在过。

"迈克尔，你知道我知道你喜欢什么。"

左图："避开"夹克的肩部由白色行缝间位芳纶阻燃面料制成。
对页图：迈克尔非常喜欢这件衬衫，甚至想为巡演准备一卡车的同款。谢天谢地，我们在之前设计拉斯维加斯一场演出的服装后，还剩下了不少这种红衬衫。丹尼斯在衣服上添加了莱茵石拼成的"777"字样，更符合迈克尔的风格。

备用方案

我和丹尼斯会多做一套"比利·简"服装作为备用。设计师想让备用服被水晶莱茵石盖满，打上灯光便能闪闪发亮。但在6月，我看完迈克尔排练，发现他显然无法承受重量将近8磅的闪光夹克，丹尼斯便去了一家面料店，要看看店里所有的黑色亮片材料。

店员喋喋不休之际，一片布料吸引了丹尼斯的眼球：缀满黑色亮片的氨纶织带。摇晃这种面料时，它听起来就像是沿着碎石路蹦蹦跳跳的脚步声。

上图："比利·简"夹克的袖子还没缝上，我们就发现夹克太重，无法穿着表演。
对页图："比利·简"夹克未能完成。

"我就要这种，"丹尼斯说。"就是它了。"

和"比利·简"手套一样，这件夹克要用60个飞利浦拉克希安（LUXEON）牌白色增亮二极管灯点亮。迈克尔看了夹克之后，要求多加几盏灯。但是灯变多了，储备电池就要变重，丹尼斯还告诉迈克尔，夹克太亮，就会显得过于笨重。迈克尔听了他的话。"这些灯只要没坏，"丹尼斯建议道，"就别再改动了。"

迈克尔点头同意，我们就继续推进，不准备给"比利·简"夹克或手套添加更多灯管。我们甚至保证，要给他的舞蹈裤会缝上氨纶弹力面料。另外，我们保证给他穿富乐绅皮鞋，我每天都枕着那双未经打磨的新鞋睡觉，它们绝对跑不了。

"我有个更好的主意，"6月中旬，在一次排练休息期间，迈克尔小声对我说，"7月巡演开始的时候，我们要在伦敦举办媒体拍摄。你为什么不先把我所有的拍摄造型服装都拍成照片呢？这样，巡演全程都能带着它们。"

我给了迈克尔一个大大的拥抱，我感谢他，不是因为他给了我们继续为他设计服装的机会，而是因为他给了我们*整整两星期的时间*来做这件事。在这么短的时间内，我们要翻出压箱底的档案，掸去旧衣服上的蜘蛛网。有些旧造型能完美融入巡演，有些则需要改动，但短短几天后，我们就收集了一系列经典造型套装供他选择，以便在"伦敦媒体拍摄"时换上。其实，迈克尔用"媒体拍摄"作为暗语，暗示我和丹尼斯为《就是这样》（*This Is It*）巡演的每场演出都准备一套备用服装。

被选中的备用服装中，有一件嬉皮士风格的缀饰外套，于2003年根据20世纪60年代李维斯复古牛仔夹克的板型制作。我们用隐形墨水画出了一个富有视觉冲击的图案，发挥想象力，用镶边的莱茵石、方形反光片、绿松石和饰钉点缀了一番。最后一步，我们找出2003年绘制的迈克尔手部轮廓临摹，装饰在夹克上，用莱茵石填充，做成"比利·简"手套的图案。迈克尔很喜欢在衣服

"最后一步，我们找出2003年绘制的迈克尔手部轮廓临摹，装饰在夹克上，用莱茵石填充，做成"比利·简"手套的图案。迈克尔很喜欢在衣服上绘画的创意，因为这是件不合常理的事情，并且，手形图案就是他希望观众注意到的个人细节。"

第184-185页图：
嬉皮士外套。

上绘画的创意，因为这是件不合常理的事情，并且，手形图案就是他希望观众注意到的个人细节。

另外一套"伦敦媒体拍摄"备选造型，是1989年迈克尔在白宫穿的一件外套。我把"白宫外套"和那件黑色轻骑兵夹克都带到了华盛顿，而他选择了黑色轻骑兵夹克。

"伦敦媒体拍摄"的造型并非全是二次利用品。我和丹尼斯正在兴头上，便改动了

"颤栗"夹克。这是我们为迈克尔制作的第五件"颤栗"夹克，我们秉持"保持原样，但与以往不同"的理念，只改变了夹克面料，用红色全息塑料捕捉光线，增强衣服质感。

此外，我们还日夜工作，埋头修改了一件原版珠饰夹克和一件白衬衫，衬衫上饰有红石王冠和金色浮雕角叶，袖子上镶有莱茵石。白天，我为迈克尔·杰克逊搭配造型。晚上，我们又回到埋头赶进度的过程之中。

右图：迈克尔说，他想把缎子面料带回潮流，就像披头士乐队让专辑《佩珀中士》（Sgt. Pepper）重现荣光一样。于是，我们用酒红色棉盾绸缎打底，为纯金围兜背面震上光泽，并设计了圈起来的三个"7"字样图案。
对页图：轻骑兵式夹克件正面饰有纯金编织绳，加上全息质感面料，有如极光般闪耀。

第188-189页：金色管珠呈现出刺绣质感，遨游在人造红宝石汇成的海洋之中。黑色管珠覆盖了夹克的大部分面料，衣领也做了改进。我们还做了不同以往的改动，在夹克背面缝上金色管珠，创造出更戏剧化、更华丽的效果。

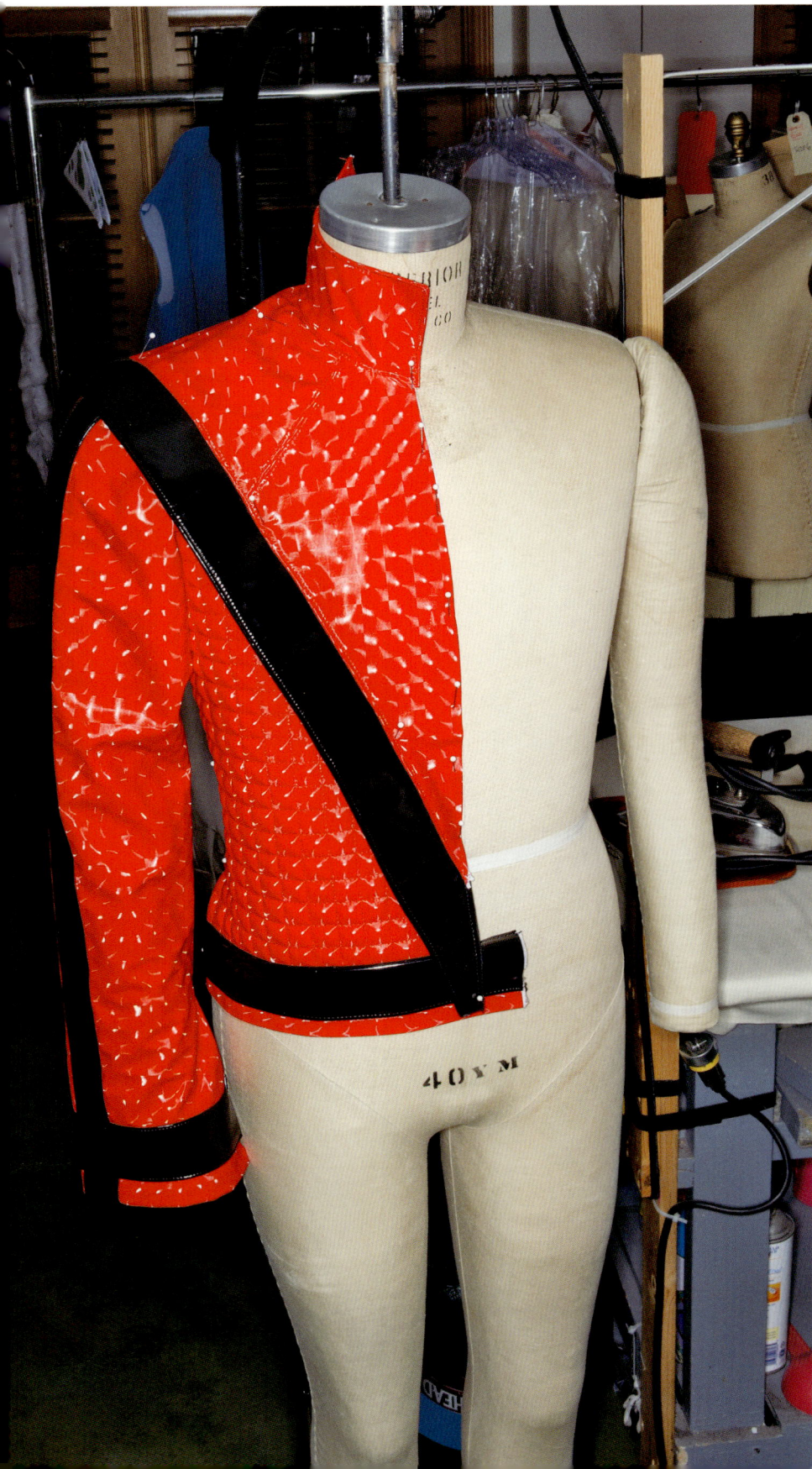

绝响

《就是这样》巡演的最后一幕只为致敬。如果我不上台，迈克尔就根本不会参加演出。他亲自保留了传统节目，让我上台，谢天谢地，经过多年的练习，我已不再怯场了。《镜中人》是最后一首曲目，迈克尔计划登上一架属于"迈克尔·杰克逊航空公司"（"MJ Air"）的飞机离开，但登机前，我会带着拉杆箱在舞台中央迎接他，把拉杆箱交给他，再递上一件金属灰色长风衣。我会给迈克尔披上风衣，摘下他的麦克风，用毛巾擦干他的脸。然后迈克尔就背对着观众，登上飞机离去。

离第一场演出还有几星期。我们排练到2009年6月25日凌晨1点，迈克尔坐在导演椅上，我用毛巾为他擦干汗水。他累了，我也累了。不经我示意，迈克尔便习惯性地站起来，等我脱下他的湿衬衫。例行公事让我感觉身心舒畅，我陶醉于我们关系之间的默契，我们无须言语，就能相互配合。人们都说这是情谊深厚的标志——有话觉得愉快，无话也不觉尴尬。25年前，我与平易近人的迈克尔结下友谊。他的友谊是一份珍贵的礼物，现在，我感受到这份友谊的万般美好，便迫切地想为此表示感谢。

"迈克尔，能与你共同举办第四次巡演，真是让我难以置信。再次感谢你改变了我的生活。"我不确定他是否真的能体会到，他究竟给我的生活带来了多大改变。"你让我成了有史以来最幸运的裁缝。"

迈克尔直视着我的眼睛，给了我一个熊抱，然后答道："不，布什。是你改变了*我的*生活。我应该谢谢你。"

我郑重地走到迈克尔的车前，把毛巾递给他，并把他的富乐绅皮鞋背回了家。

上左图：计划中巡演谢幕时飞机上的"迈克尔·杰克逊航空公司"标志。
上图："颤栗"造型未能完成。
对页图：这件风衣同样未能制作完成，以凹面、亮片、手工刺绣等制法，用灰色丝绸雪纺制成，给人一种镶满御钉的错觉，但它其实没什么重量。

后记

在 2009 年 6 月 25 日下午 1 点，我接到了电话。"迈克尔在医院。情况不妙。"丹尼斯留在了工作室，而我和演出团队上星期起就一直在洛杉矶斯坦普斯中心（Staples Center）排练，此时便出发前往斯坦普斯中心与他们汇合。在路上，我握着方向盘的手微微颤抖。我透过后视镜看着后座上迈克尔的衣服和鞋子。就在 12 小时前，我与迈克尔道别，送他回家，并从他手中接过了这些衣服。

全体演员和工作人员聚在一起，场馆里很嘈杂，仿佛一座高中食堂。几十名穿着热身运动服的伴舞手牵着手祈祷，灯光师和技术人员在舞台上一个直播新闻的大电视屏幕下焦急地转来转去。那天下午早些时候，自迈克尔住院的消息发布以来，相关新闻就一直没停过。

我盯着电视，新闻翻来覆去地讲着差不多的消息，却没有一条确切信息，令人沮丧又不安。我忧心忡忡地在过道上来回踱步，朋友和同事纷纷打来电话，我一个都没接。我猜，他们想从我这里知道"消息是否属实"，但我也不知道发生了什么，或者至少，我尽力不去相信记者对迈克尔病情的猜测。下午 2 点 29 分，记者的猜测变成了事实：电视新闻直播宣布迈克尔死亡，他们说这是"爆炸性新闻"。

房间里爆发出一阵哭声。我静静地坐着，突然感到孤独。他走了。我拼命想逃出场馆，但谁都不许离开。随着恐慌爆发，管理层开始处理危机，以防有人抢劫，还要保护随手丢在更衣室桌子周围和椅背上的贵重物品。我在迈克尔的更衣室里收集他的个人物品，仿佛花了一个世纪，所有可能会被偷走或挂在网上出售的东西，都被我一并锁进衣柜。对我来说，一位挚友，一个人失去了生命，但所有人都在保护那些毫无意义的商品。电工拆掉电线，把它们卷成一团，伴舞为永不再来的职业机会而悲叹，道具人员清空了道具房间。迈克尔已经走了，终于谢幕了。

我需要透透气，被封闭的时间越长，我就越感到窒息。噩耗传来已有四小时，我们终于收到通知，可以收拾行李离开。我伸手找钥匙，从牛仔裤口袋里掏出的却只是一条纱布。我跑向停车场。我的车停在那，发动机还在转，钥匙留在点火开关里，车门没锁，迈克尔的衣服还在后座。车空转了五个小时，没有关锁。我当时无力多想，也不敢多想，就这么下了车。

现在，我不敢多想的事情真的发生了。汽

193

车油箱里好歹剩了点油，我开回家，发现丹尼斯坐在工作室里，愣愣地对着屏幕漆黑的电视机，遥控器就这么握在手里，旁边的电话响个不停。"别接。"我命令道。他没有接。我们俩都没心情接收媒体采访。

我和丹尼斯环顾四周，看到挂着半成品面料的人体模型，心如刀绞。身上的衣服最终会呈现怎样的魔力，这些模型永远不会知道了。迈克尔停止呼吸时，一切都结束了。

最后使命

迈克尔已经去世两星期了，我们还是不断地接到电话，内容大同小异，只有一通电话出乎意料。打电话的是迈克尔的家人——他的姐姐拉托亚（La Toya）。

杰克逊家族的每个成员都分到了任务，共同料理迈克尔的后事。现在，拉托亚已履行了给我们打电话的职责。她徐徐讲出迈克尔家人的请求，声音甜美却充满悲伤："家族决定，由你们选择迈克尔入殓的衣服。"

我惊得哑口无言，好不容易憋出声音，本能地答道："我想我做不到。"

"你必须要做。"拉托亚十分坚定。"还有谁能这么做？"

我细细思忖着拉托亚的反问。她说的没错。还有谁能这么做？我和丹尼斯从未拒接过迈克尔的电话，也不会拒绝他的最后一声呼唤。因此，我们怀着谦卑，担起最后一次为迈克尔·杰克逊穿衣的光荣使命。

与迈克尔共事的 25 年历历在目，表演魔法、神秘道具、后台追逐和下一件作品——这些事件一帧帧闪过眼前，直到最终的关键问题浮出水面：迈克尔最喜欢哪件衣服？衣服上必须有哪些细节？很久以前，我们三人聊过一次天，但聊天时间不长，话题也很突兀。多亏有它，我们至少能确定一个细节。"我要是出了意外，"迈克尔告诉我们，"下葬的时候，千万别把那副手套戴在我手上。那副手套只在表演《比利·简》的时候才能戴。"

这就引出了一个问题：迈克尔最喜欢哪个单品？对此，迈克尔含糊其词，仿佛一位父亲，不愿回答最喜欢哪个孩子："哦，每一件我都最喜欢。"我们当时就知道他没说真话，现在真相终于揭晓。说到迈克尔最爱的单品，这个神秘的人在我们面前没有秘密。

我们需要装饰品和珠子。"还有小天使、徽章和臂章。"丹尼斯念念有词，拉开抽屉，目光来回挑选着材料。我也凑过来看，盘算着迈克尔会觉得哪种珠宝配得上国王。珍珠？没错，迈克尔肯定喜欢得不得了。丹尼斯表示同意。

我突然灵光一现。

珍珠夹克在哪？1994年，珍妮特（Janet Jackson）把格莱美奖交给迈克尔那次，他身上穿的那件珍珠军装夹克在哪？

没时间找原件了。丹尼斯立刻下手打板，制作军装夹克。如果迈克尔的家人允许公开，入殓照就是迈克尔留给世界的最后一张照片，得戴上有国王风尚的宝石才行。这个宝石就是珍珠——要很多很多珍珠。在丹尼斯裁出

的夹克上，我缝了上百颗珍珠，尽力复刻这件迈克尔长久以来最喜欢的衣服。缝完珍珠，剩下的搭配思路自然喷薄而出。在夹克右胸口，我用莱茵石缝了一个迈克尔喜爱的小叮当仙子，她穿着绿裙子，撒下一串星尘。迈克尔从前就喜欢这缕星尘。我们在夹克领子的两边都镶了一朵英国鸢尾花，还在迈克尔胸前别了一枚马耳他十字胸针。我们用方形切面的黑色单孔莱茵石缝成臂章，还钉上了纯银英国皇家徽章。

这条黑色李维斯版型裤子是现成的，但我们加以改动，把裤子换成皮革面料，盖上一层黑色串珠。"比利·简"造型手套被排除了，只能另选一件，充当迈克尔心目中的"下一副手套"。迈克尔本要在《就是这样》巡演开场穿的树脂护腿也被采用，它们看上去像一对防弹玻璃。我们还选中了其他巡演造型单品，譬如一条嵌着大颗彩色半宝石的18K镀金冠军腰带，皮带扣上还刻着两个擎着王冠的小天使。当然，迈克尔的墨镜也不能少。我们手边

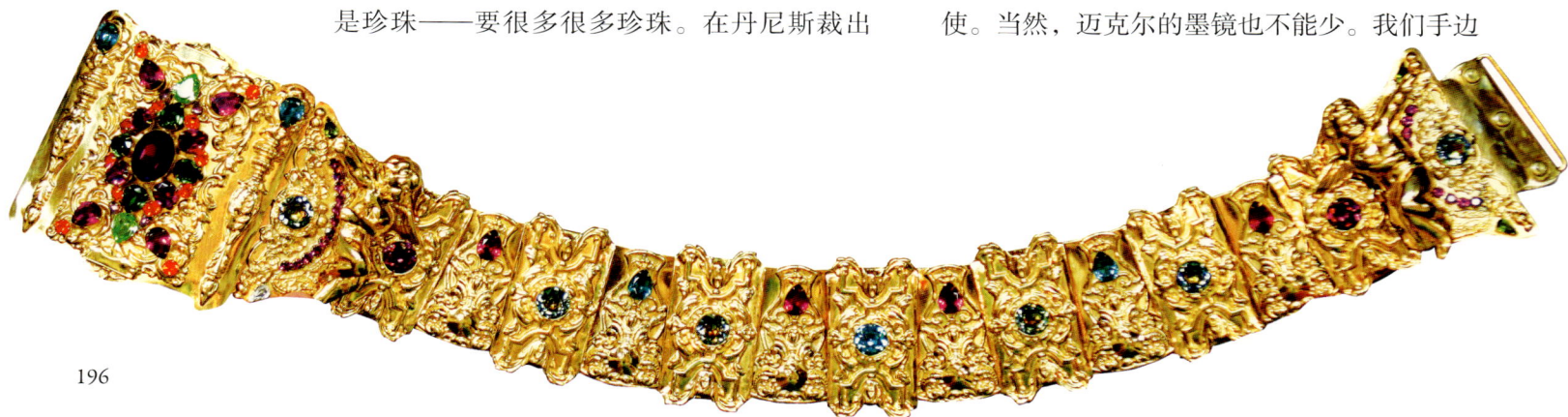

备着一大堆一模一样的廉价飞行员眼镜，因为迈克尔用力太大，每天都要弄坏一副。但说到鞋子，我和丹尼斯都非常纠结。迈克尔跳舞穿富乐绅皮鞋，日常又穿披头士靴子。于是，我打电话给拉托亚，问问迈克尔家人的意见。

"他上天堂时也要跳舞的。"她信誓旦旦地说，"就选富乐绅皮鞋。"迈克尔去世已有两星期，迈克尔的家人准备在好莱坞山森林草坪公墓（Forest Lawn）举行私人遗体告别仪式，我马上要把迈克尔的殓服送过去了。但这双富乐绅鞋是迈克尔表演完《飙》（Bad Tour）巡演之后送给我的，我实在不愿把它埋进土里。迈克尔的神秘感也有我的功劳，这双鞋就是证明。与迈克尔永别够难受了，可我只要看着这双鞋，就想起他把身上最有特点的一部分交给了我，从而找到一丝宽慰。我便买了一双新的富乐绅皮鞋，按迈克尔教我的方法打磨粗糙，带去森林草坪公墓，与入殓师碰头。我放下迈克尔的殓服，刚准备转身离开，入殓师就对我说："迈克尔的家人希望你为迈克尔穿衣。"

杰克逊家族选中的人居然是我，居然把迈克尔托付于我，打扮成他自己会喜欢的样子？我对自己默念道，现在，就是迈克尔最需要你的时候。我一边小心为他装饰，一边想到，能在挚友生前和往生之时都亲手照顾，实属上天祖护。我沉重的心情稍稍轻松了些。

在森林草坪公墓的18K镀金棺材上，丹尼斯放了一座白色星空百合花园。棺材两边都竖着3英尺×4英尺的光面裱框照片，照片里的迈克尔身着《一起来》（Come Together）造型，手中握着两枝蓝色荷兰鸢尾，英勇无敌，不同凡响。普林斯和帕丽斯缓缓走向父亲，手中也托着王冠。这顶王冠由18K黄金制成，由丹尼斯精心设计、亲手焊接，凝聚着丹尼斯对迈克尔的爱和敬意。

普林斯和帕丽斯把父亲的王冠牢牢定在星空百合上。红宝石、祖母绿和蓝宝石捕捉到夜空中跳动的月光，熠熠生辉，我们看到的不再是葬礼，而是王的加冕礼。

致谢

迈克尔·杰克逊坚信，我们的作品应当印在干净的新书上，好好展现一番，而且真的会有人想看这本书。若非他一味坚持，这本书便不会存在。前文收录的许多照片都是迈克尔赠予我们的副本，他为本书提供了素材，也实现了为我们不懈编织的梦想。在此，我希望各位忠实歌迷阅读《颤栗与辉煌——迈克尔·杰克逊的不朽时尚》后，都能体会到收获礼物的感觉。

多年来，我都沉浸在草图、纺织品、缝纫机和切割工具架起的世界之中。现在我能探索舒适圈之外的世界，投身于"叙事"这门艺术，离不开一路支持我、为我提供专业指导的朋友们。感谢我的著作经纪人，达纳·纽曼（Dana Newman），谢谢你对本书充满热情、全心奉献，很高兴有你支持我。感谢我的执笔人，来自布克希克有限责任公司（Bookchic LLC）的米歇尔·马特里西阿尼（Michele Matrisciani），感谢她自始至终全身心投入本书，感谢她运用专业能力，把我的经历转化成生动优美的文字。我向以下几位来自洞察出版社（Insight Editions）的朋友们致敬：感谢罗比·施密特（Robbie Schmidt）和迈克尔·马登（Michael Madden）对本书的出版潜力予以肯定，亲自关照本书出版；感谢出版商拉乌尔·戈夫（Raoul Goff）；感谢罗克珊娜·阿利亚加（Roxanna Aliaga）为本书发挥高超的编辑技术；感谢希耶罗·卢蒂诺（Cielo Lutino）的精心编辑与加工，感谢克里斯汀·克瓦斯尼克（Christine Kwasnik），是她持之以恒，运用创造力和专业能力，打造了本书栩栩如生的视觉效果。

在幕后，还有许多人为我鼓劲，激励我前行。感谢所有协助我完成本书的朋友、家人和同事。首先，我要特别感谢

南·施瓦茨（Nan Schwartz），他既是丹尼斯最好的朋友，也是我的大恩人。我还要感谢南多才多艺的女儿，米歇尔·施瓦茨（Michelle Schwartz）。从照顾狗狗到处理技术和摄影问题，你的帮助对我来说意义重大。

每个伟人背后都有一只伟大的……狗。感谢我们的雪纳瑞犬，它们分别是齐格弗里德（Siegfried）、布伦黑尔达（Brunnheilda）、古斯塔夫（Gustave）和乔治（Georgio）。它们不但给了我和丹尼斯坚持工作的动力，也不忘提醒我们适时放下工作，好好吃饭，参加其他活动。

感谢丹尼斯的妹妹（也是最迷人的模特）盖瑞·斯塔顿（Geri Staden）和她的丈夫阿瑟（Art）；感谢丹尼斯的母亲米尔德里德·古莉（Mildred Gourlie）；感谢我的兄弟约翰（John）、斯宾塞（Spencer）和拉里（Larry）。感谢我的父亲克莱德（Clyde）和母亲弗蕾达（Freida），感谢他们教会我缝纫。我还要感谢祖母凯瑟琳·雷米（Catherine Ramey），将改衣和缝纫技术传授给母亲和我。

若没有业内专家提供的技术和材料，许多书中展示的成品根本无法制成。在此感谢和武藤—利托服饰公司（Muto-Little Costume House）的金姆·利特尔（Kim Little）和安托瓦内特·武藤（Antoinette Muto）；感谢艺术金属公司（Art Metal）的玛姬（Maggie）、汤姆（Tom）和全体员工；感谢F&H电镀公司（F&H Plating）的罗恩（Ron）和兰迪（Randy）；感谢道具大师公司（Prop Matser）的亨利（Henry）和全体员工；感谢群星服饰公司（Star Studded）的罗兰多（Rolando）；感谢西部服装公司（Western Costume）；感谢国际丝绸毛织公司（International Silks and Woolens）；感谢F&S布行（F&S Fabrics）和迈克尔·莱文

布行（Michael Levine Fabrics）。我还要感谢素描艺术家露易丝·德·阿尔蒙德（Lois DeArmond）；感谢来自雷恩斯·费尔德曼律师事务所（Raines Feldman LLP）的索尼娅·李（Sonia Y. Lee）和乔纳森·利特尔（Jonathan D. Littrell）；感谢来自莱弗勒会计师事务所（Leffler Accountants）的马丁·莱弗勒（Martin Leffler）和琳达·罗斯（Lynda Ross）；感谢来自黛安·维网页设计工作室（DianeV Web Design Studio）的黛安·维吉尔（Diane Vigil）；感谢来自伦敦菲利普·崔西设计公司（Philip Treacy London）的菲利普·崔西（Philip Treacy）、斯蒂芬·巴雷特（Stefan Bartlett）和亚历山德拉·格列柯（Alessandra Greco）。

特别感谢迈克尔·杰克逊遗产委员会，感谢来自委员会的约翰·布兰卡（John Branca）、约翰·麦克莱恩（John McClain）和凯伦·兰福德（Karen Langford）。同时感谢埃维·塔瓦西（Evvy Tavasci）、米可·布兰多（Miko Brando）、盖里·赫恩（Gary Hern）、凯伦·法耶（Karen Faye）、珍妮特·泽图恩（Janet Zeitone）和卡罗尔·拉·梅尔（Carol La Mere）。

本书还登出了一些迈克尔的照片，他身着我们设计的服装，由摄影师完美捕捉下这些庄严时刻。为此，我要感谢摄影师乔纳森·埃克斯利（Jonathan Exley）、山姆·爱默生（Sam Emerson）、史蒂夫·威斯特（Steve Whisett）、哈里森·芬克（Harrison Funk）和赫伯·里兹（Herb Ritts）。

感谢达伦·朱利安（Darren Julien），谢谢你倾情合作，伴我一路前行。感谢朱利安拍卖行（Julien's Auctions）的执行董事马丁·诺兰（Martin Nolan）和全体员工：亚历克斯·维索斯基（Alex Wisotsky）、卡罗尔·李·布鲁索（Carol Lee Brosseau）、丹·尼尔斯（Dan Nelles）、德鲁·伍德（Drew Wood）、埃里克·罗西亚姆（Eric Rosciam）、戈比·杜克（Gaby Douek）、希拉里·安妮·睿普思（Hillary Anne Ripps）、伊莎贝尔·伊奥（Isabel Yeo）、珍妮弗·劳伦兹（Jennifer Lorenzi）、劳拉·伍利（Laura Woolley）、劳埃德·约翰逊（Lloyd Johnson）、梅根·马恩·米勒（Megan Mahn Miller）、迈克尔·道尔（Michael Doyle）、迈克尔·雷斯（Michael Reis）、内森·希伯伦（Nathan Hebron）、丽贝卡·戈尔兹坦（Rebecca Goldstein）、瑞奇·利蒙（Ricky Limon）、珊·科金（Shaan Kokin）、萨默·埃文斯（Summer Evans）和蒂娜·布鲁诺莱蒂（Tina Brugnoletti）。

非常感谢智利圣地亚哥时装博物馆（Museo de la Moda in Santiago, Chile），特别致谢：豪尔赫·亚鲁尔（Jorge Yarur）、加布里埃尔·巴索（Gabriel Basso）、彼得·拉比（Peter Raby）、埃尔南·C·加西亚（Hernán García C.）、玛丽亚·埃利亚娜·瓜贾多（María Eliana Guajardo）、阿卡西亚·埃查扎雷塔（Acacia Echazarreta）、杰西卡·梅扎（Jessica Meza）、索莱达·冈萨雷斯（Soledad González）、茱莉亚·阿韦洛（Julia Avello）、爱德华多·阿库尼亚（Eduardo Acuña）、卡门·阿吉拉尔（Carmen Aguilar）、玛丽亚·塞西莉亚·阿吉拉尔（María Cecilia Aguilar）、马科斯·埃斯科巴（Marcos Escobar）、阿斯特里德·卡罗卡（Astrid Caroca）、普里西拉·阿尔瓦拉多（Priscila Alvarado）、费尔南多·德盖亚斯（Fernando Degeas）、里卡多·托雷斯（Ricardo Torres）和奥斯卡·希门尼斯（Oscar Jimenez）。感谢爱尔兰基尔代尔县（County Kildare, Ireland）的纽布里奇银器/风格图标博物馆（Newbridge Silverware/The Museum of Style Icons）的大力支持，特别致谢：威廉·多伊尔（William Doyle）、莫妮卡·多伊尔（Monica Doyle）、梅德比·多伊尔（Maedbh Doyle）、菲尔·唐纳利（Phil Donnelly）、索查·基恩（Sorcha Keane）、卡奥恩·科比特（Caoimhe Corbett）和凯迪·诺兰（Kitty Nolan）。同样感谢来自中国澳门十六浦索菲特大酒店（Ponte 16）的马浩文博士（Dr. Hoffman Ma）、邱耀威（Eric Yau）、李柏芝（Cecilia Lee）和叶迈士（Max Ip），感谢他们慷慨支持，为我们举办盛大活动。

感谢我的个人支持者，感谢吉姆·希伯格（Jim Hyberg）、德鲁·博伊斯（Drew Boice）、托尼·韦拉努埃瓦（Tony Villanueva）、芭芭拉·谢诺（Barbara Chennault）、肖恩·加西亚（Sean Garcia）、杰拉德·巴兹尔（Jerad Basil）、格雷格·厄肖（Greg Upshaw）和巡演团队其他成员、克里斯·卡特（Chris Carter）和弗兰克·里昂（Frank Leone）。

衷心感谢所有迈克尔·杰克逊的歌迷。本书为你们准备，现在它属于你们。

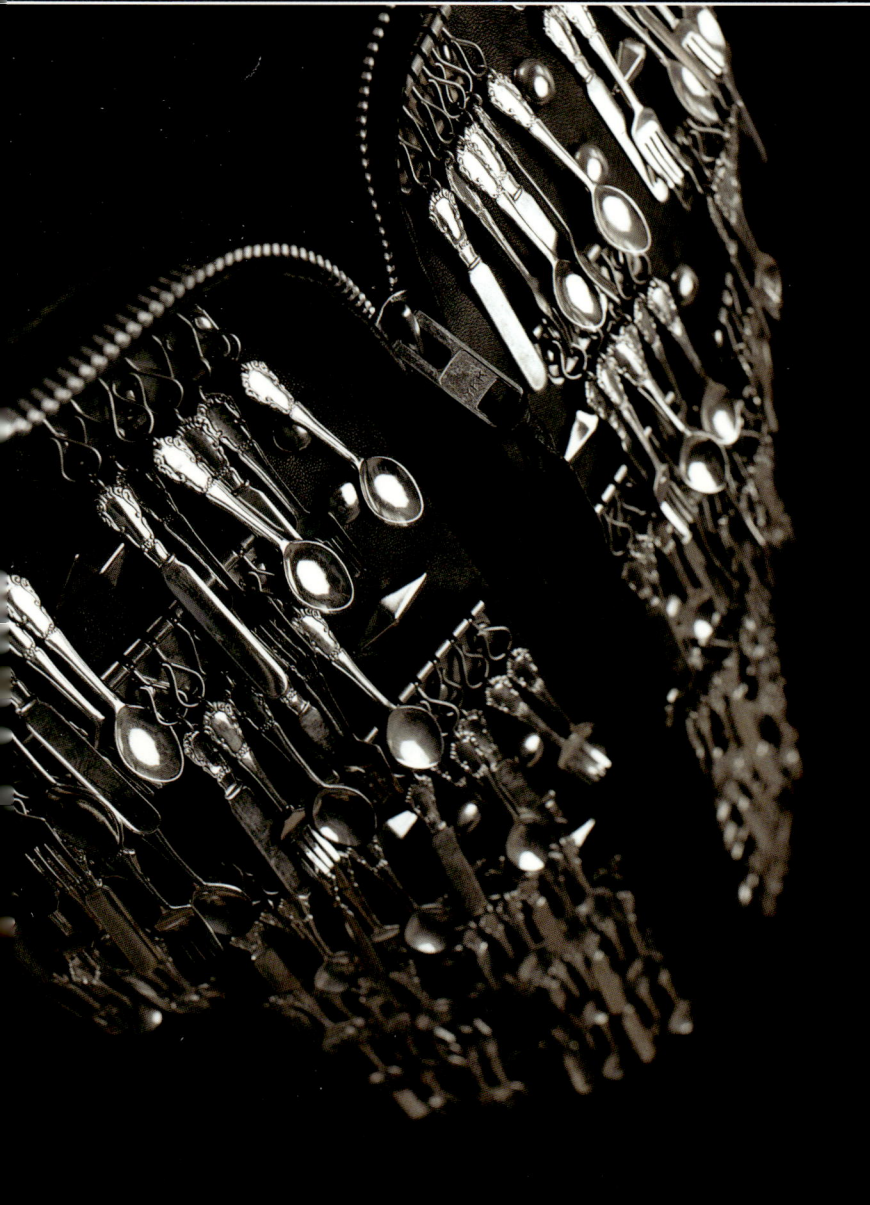

追念挚友丹尼斯·汤普金斯。

1943.11.14—2011.12.2

"艺术家仙逝，艺术随之去。"

内 容 提 要

本书向迈克尔·杰克逊的"比利·简""避开"和"颤栗"的经典造型致敬，正是它们将迈克尔送入了时尚的版图。同时，此书还追溯了这些造型在几十年间的演变。迈克尔对军装式服装的热爱，闪耀的水晶手套背后的商业秘密，以及由迈克尔·布什和丹尼斯·汤普金斯重新设计的击剑服所创造的舞台魔力，都在本书中娓娓道来。也正是布什在迈克尔入葬前为他着装。由于迈克尔令人震惊的离世，许多服装还未能完成。迈克尔·杰克逊的经典服饰将会永生。作为一名才华横溢的艺术家，他改变了他所及之处的所有一切——从每一寸服饰面料到他遍布世界各地的众多歌迷。

原文书名：THE KING OF STYLE: DRESSING MICHAEL JACKSON
原作者名：Michael Bush

© Published by arrangement with Insight Editions, LP, 800 A Street, San Rafael,
CA 94901, USA, www.insighteditions.com
No Part of this book may be reproduced in any form without written permission
from the publisher.
Text copyright © 2021 Michael Bush
Foreword copyright © by John Branca
All images of Michael Jackson as well as his notes and sketches, the MJ Air
logo, and the photo of Michael's closet on page 39 are © the Estate of Michael
Jackson and used courtesy of the Estate of Michael Jackson with the exception f
the following:
Photo on page 8 © Steve Granitz/WireImage/Getty Images
Photo on page 66 © Kevin Mazur/WireImage/Getty Images
Photo on page 72 © Barry King/WireImage/Getty Images
Photo on page 139 of Michael Jackson, Los Angeles, 1991 © the Herb Ritts
Foundation and the Estate of Michael Jackson
Photo on page 170 © Diana Walker/Getty Images Entertainment
All other images © Pop Regalia LLC

本书中文简体版经Insight Editions授权，由中国纺织出版社有限公司独家出版发行。
本书内容未经出版者书面许可，不得以任何方式或任何手段复制、转载或刊登。
著作权合同登记号：图字：01-2022-2747

图书在版编目（CIP）数据

颤栗与辉煌：迈克尔·杰克逊的不朽时尚 /（美）
迈克尔·布什著；王越译 . -- 北京：中国纺织出版社
有限公司，2022.8
书名原文：THE KING OF STYLE: Dressing Michael
Jackson
ISBN 978-7-5180-9502-5

Ⅰ. ①颤… Ⅱ. ①迈… ②王… Ⅲ. ①杰克逊（
Jackson, Michael 1958-2009）—服装—造型设计—介绍
Ⅳ. ① TS941.2 ② K837.125.76

中国版本图书馆 CIP 数据核字（2022）第 065456 号

责任编辑：宗　静　　责任校对：王蕙莹　　责任印制：王艳丽

中国纺织出版社有限公司出版发行
地址：北京市朝阳区百子湾东里 A407 号楼　邮政编码：100124
销售电话：010—67004422　传真：010—87155801
http://www.c-textilep.com
中国纺织出版社天猫旗舰店
官方微博 http://weibo.com/2119887771
北京雅昌艺术印刷有限公司印刷　各地新华书店经销
2022 年 8 月第 1 版第 1 次印刷
开本：710×1000　1/8　印张：27
字数：272 千字　定价：298.00 元

凡购本书，如有缺页、倒页、脱页，由本社图书营销中心调换